地形图识图与应用

DIXINGTU SHITU YU YINGYONG

（第二版）

黄涛 杨丽 张洪 编著

测绘出版社
·北京·

内 容 简 介

本书分为6章,前5章结合中、高职专业资源环境与安全大类中非测绘地理信息类专业毕业生从事工作所需的地形图应用能力组织相关知识,强调大比例尺地形图的识图、用图能力。第1章认识地形图,使读者对地形图有简单认识;第2章地面点位的表示方法,介绍高程和坐标的相关内容;第3～5章围绕地形图读图、用图展开;第6章简单介绍了常见科学计算器的常用功能。本书图文并茂,针对中、高职非测绘地理信息类专业学生的特点,理论结合实际,配有练习题,突出应用能力。

本书可作为中、高职资源环境与安全大类相关专业的通用教材,也可作为中职升学考试参考教材。

图书在版编目(CIP)数据

地形图识图与应用 / 黄涛, 杨丽, 张洪编著. 2版. -- 北京 : 测绘出版社, 2025. 1. -- ISBN 978-7-5030-4556-1

Ⅰ. P931

中国国家版本馆CIP数据核字第2024Z3J873号

责任编辑	侯杨杨	**封面设计**	李 伟
融媒体编辑	张扬帆 王佳嘉	**责任印制**	陈姝颖
出版发行	测绘出版社	**电 话**	010-68580735(发行部) 010-68531363(编辑部)
地 址	北京市西城区三里河路50号		
邮政编码	100045	**网 址**	https://chs.sinomaps.com
电子信箱	smp@sinomaps.com	**经 销**	新华书店
成品规格	184mm×260mm	**印 刷**	建工社(河北)印刷有限公司
印 张	6.5	**字 数**	158千字
版 次	2025年1月第2版 2016年3月第1版	**印 次**	2025年9月第2次印刷 累计第10次印刷
印 数	1501—4500 累计印刷12300册	**定 价**	32.00元

书 号 ISBN 978-7-5030-4556-1

审 图 号 GS京(2024)1763号

本书如有印装质量问题,请与我社发行部联系调换。

前　言

为了满足中、高职职业技术院校培养资源环境与安全大类应用型人才的需要，我们做了充分的调研，资源环境与安全大类中绝大部分专业的学生都需要有地形图的应用能力，但这个能力与测绘技能是有区别的。由于专门针对地形图应用的教材十分匮乏，各个学校都选用测量技术方面的教材用于教学，不能突出地形图读图、用图的能力。因此，编写一本能适应中、高职教学需要又能突出地形图应用的教材非常必要。

《地形图识图与应用》是为培养中、高职资源环境与安全大类专业学生的地形图应用能力而编写的。教材本着理论够用的原则选取地形图应用所必需的测量技术知识，减少理论阐述（部分内容直接取自国家相关规范），增加实践指导和练习，并配有数字资源（包括课件和视频，课件可在测绘出版社官网下载）。作为教材，为了培养高素质技术技能人才，落实立德树人的根本任务，本书增加了课程思政案例及元素，该部分由杨丽老师编写，将思政元素和专业知识紧密结合，达到润物无声的育人效果。本书可作为中、高职资源环境与安全大类相关专业的通用教材，也可作为中职升学考试参考教材。

本次教材编写团队的组成是一次创新，将专业课老师与思政课老师组合，达到了专业优势互补的作用，形成育人共同体。在专业课教材中融入思政案例及元素，对编写团队来说是新的尝试，由于编者水平有限，书中不足之处敬请读者批评指正。

目　录

第 1 章　认识地形图

§1.1　地图、地形图、平面图、专题地图

1.1.1　地图

地图是依据一定的数学法则，采用地图语言，经过制图综合来表示地球表面的图形。这个定义概括了地图的三个特性：有一定的数学法则、运用地图语言来描述、经过了制图综合。地图所具有的这三个基本特性，是其他影像、图画、文字都不可能同时具备的。

常见城市纸质单张地图的比例尺较小，多是几万分之一，大多数中国和世界纸质单张地图的比例尺是几百万分之一和几千万分之一，它们都属于小比例尺地图。这类地图表示的范围大，地形地物描绘得简略，河流的宽度、乡村和城镇的大小不能按比例尺描绘，河流用逐渐加粗的曲线表示，乡村、城镇甚至特大城市都用圆圈（或其他符号）表示，与实际的面积大小不相当。

1.1.2　地形图

地形图指的是地表起伏形态及地理位置、形状在水平面上的投影图，也是按统一规范生产的，详细表示地表居民地、道路、水系、境界、土质、植被等基本地理要素且用等高线表示地面起伏的一种地图。其实地形图就是将地面上的地物和地貌按水平投影的方法（沿铅垂线方向投影到水平面上），并按一定的比例尺缩绘到图纸上。地形图上除表示地物，还表示了地面起伏。地形图按表示内容分类，可分为等高线地形图和分层设色地形图，图 1.1 为等高线地形图示例。地形图与平面图最大的区别在于地形图能够反映地表的起伏形态和地貌。

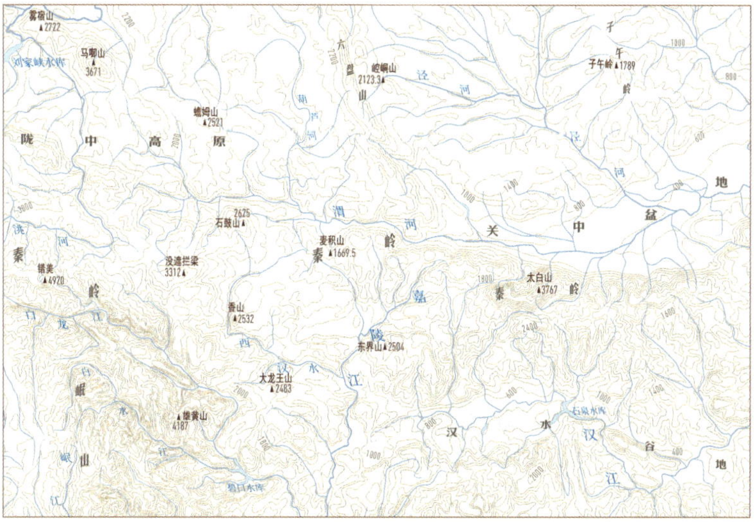

图 1.1　等高线地形图示例

1.1.3 平面图

平面图是地图的一种。当测区面积不大，测区中心到测区边缘点最大距离不超过 10 km 时，可以用水平面代替水准面。在这个前提下，把测区内的地面景物沿铅垂线方向投影到平面上，并按规定的符号和比例缩小而成的相似图形，称为平面图。

虽然地球表面是个曲面，但在极小范围内可以把它当作平面，因为地面实形和图上实形间的误差非常小，可以忽略不计。在平面图上，各种图形和面积都应保持与实物完全相似，各个方向的比例尺统一。在图上应反映出地物确切的位置、大小和相互间的距离。可以根据比例尺量算距离，用指向标来确定方向。图 1.2 为平面图示例。

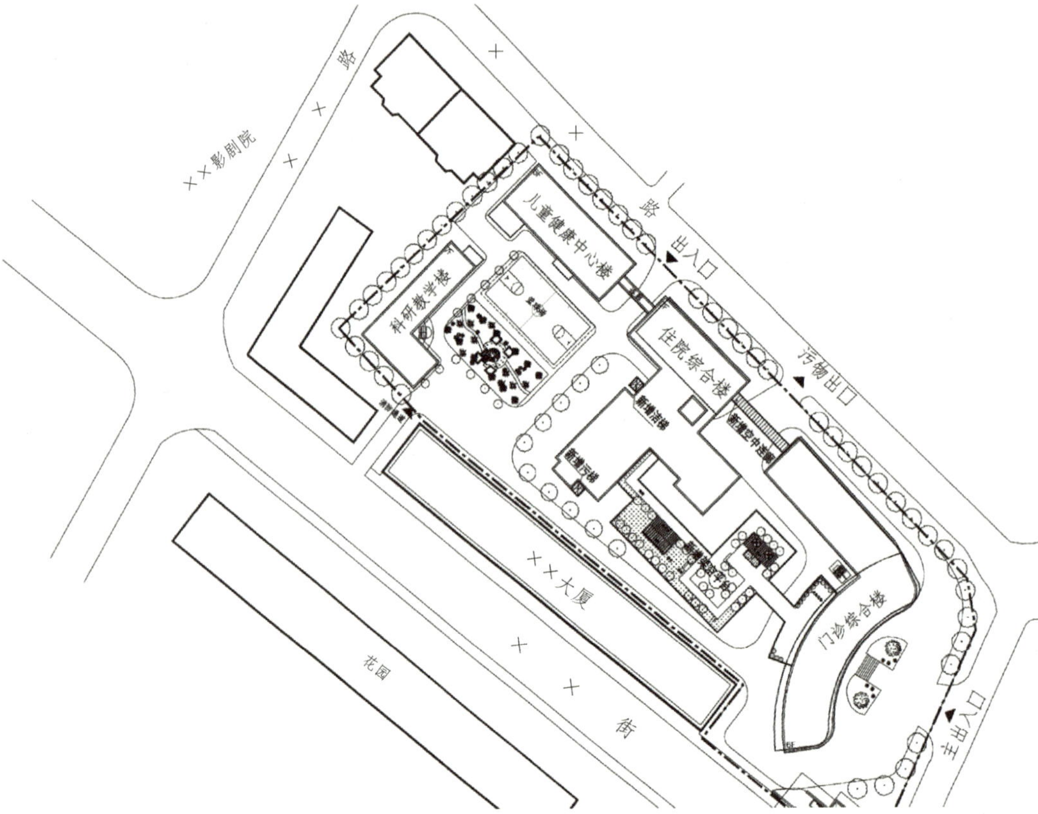

图 1.2　平面图示例

1.1.4 专题地图

专题地图，又称特种地图，其着重表示一种或数种自然要素或社会经济现象。专题地图的内容由两部分构成：①专题内容。图上突出表示的自然或社会经济现象及其他有关特征的内容。②基础地理内容。用于标明专题要素空间位置与地理背景的普通地图内容，主要有经纬网、水系、境界、居民地等。图 1.3 为专题地图示例。

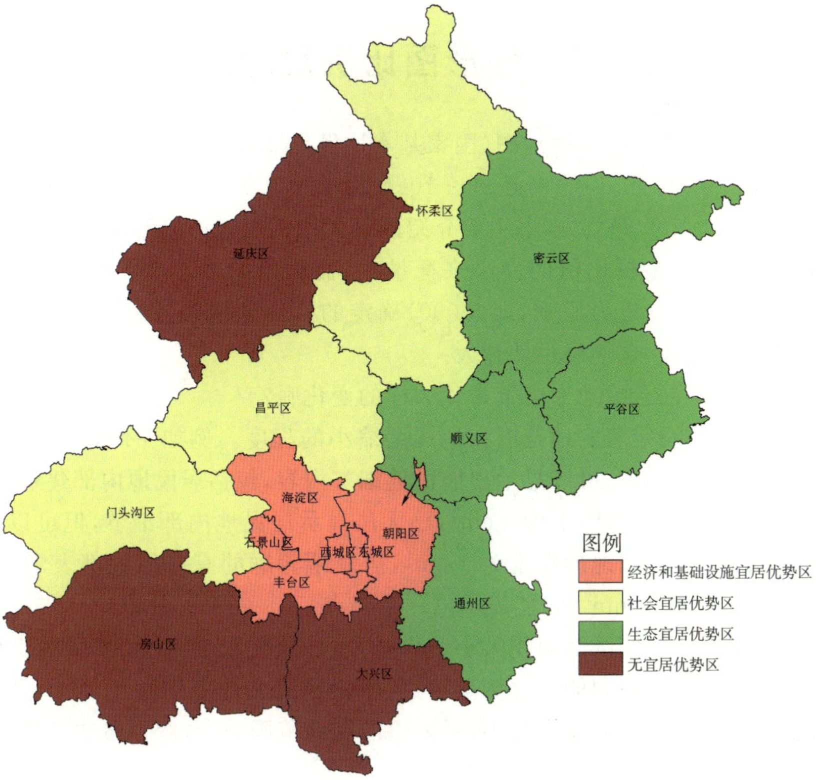

图 1.3　专题地图示例

§1.2　国家基本比例尺地形图

中国国家基本比例尺地形图是根据国家颁布的测量规范、图式和比例尺系列测绘或编绘的全要素地图，也可简称为“国家基本地形图”“基础地形图”或“普通地图”等。

世界各国采用的基本比例尺系列不尽相同，目前中国采用的基本比例尺系列为 1∶500、1∶1 000、1∶2 000、1∶5 000、1∶1 万、1∶2.5 万、1∶5 万、1∶10 万、1∶25 万、1∶50 万、1∶100 万等。过去曾用 1∶20 万，后改为 1∶25 万。基本比例尺地形图是国家经济建设、国防建设和文教科研的重要图件，又是编绘各种地理图的基础资料，其测绘精度、成图数量和速度等是衡量国家测绘技术水平的重要标志。

国家基本比例尺地形图分两种地图投影形式。大于或等于 1∶50 万比例尺的地形图采用的是高斯-克吕格投影，1∶100 万比例尺的地形图采用双标准纬线正轴等角割圆锥投影。高斯-克吕格投影，即横轴等角切椭圆柱投影，投影所用椭球体为大地基准面椭球。投影分带带宽为 6°（一些比例尺较大的地图采用 3°），每带的坐标原点为赤道与中央经线向西平移 500 km 后所得纵向直线的交点。

例　国家基本比例尺地形图采用的地图投影方式有（　　）。

A. 高斯-克吕格投影　　B. 圆柱投影　　C. 圆锥投影　　D. 双标准纬线正轴等角割圆锥投影

答案选 AD。

§1.3 地形图比例尺的选用

地形图指着重表示地形的普通地图(国家基本比例尺地形图主要根据经纬度进行分幅,常用的有1∶100万、1∶50万、1∶25万、1∶10万、1∶5万等;正方形和矩形分幅常用的有1∶2 000、1∶1 000、1∶500等)。本书主要介绍的是大比例尺地形图的使用。

地图比例尺的大小,是按比值的大小来衡量的,而比值的大小则是依据比例尺分母(如1∶5 000比例尺,比例尺分母为后项,即5 000)确定的。分母越大,则比值越小,比例尺就越小;分母越小,则比值越大,比例尺也就越大。

地图比例尺大小不同会给地形图带来什么样的变化呢?

地图比例尺的大小决定着实地范围在地图上缩小的程度。例如1 km^2 面积的居民地,在1∶5 000地形图上为400 cm^2,可以显示出居民地细节内容,包括居民地内部建筑的轮廓、居民地内部道路等;在1∶5万地形图上为4 cm^2,已无法显示居民地内部细节,但可以表示出居民地的轮廓和细貌;在1∶10万地形图上为1 cm^2,居民地轮廓的有些细貌都表示不出来了;在1∶100万地形图上,只有1 mm^2,仅能表示出一个黑点。

这就说明,当地形图图幅纸面面积大小一样时,不同比例尺的地图,表示的实地范围是不同的,表示的地物细节也是不同的。比例尺越大,所表示的实地范围越小,图上量测的精度越高,表示的地形越详细;反之,比例尺越小,所表示的实地范围越大,图上量测的精度越低,表示的地形越简略。

在实际的测绘工作中,对同样的作业范围,测绘比例尺越大的地形图工作量越大,耗时越久,所以应按照具体用途选择测绘不同比例尺的地形图。

§1.4 地形图的用途

地形图由于制图的区域范围比较小,因此能比较精确而详细地表示地表地貌水文、地形、土壤、植被等自然地理要素,以及居民点、交通线、境界线等社会经济要素。地形图是根据地形测量或航摄资料绘制的,误差和投影变形都极小。

地形图是经济建设、国防建设和科学研究中不可缺少的工具,也是编制各种小比例尺普通地图、专题地图和地图集的基础资料。不同比例尺的地形图,具体用途也不同。地形图按比例尺可分为大、中、小三种。工程领域,一般把比例尺为1∶500、1∶1 000、1∶2 000、1∶5 000、1∶1万的地形图称为大比例尺地形图,工程建设的规划、设计、施工等通常会用此类地形图。1∶2 000的地形图常用于城市详细规划及工程项目初步设计,1∶5 000和1∶1万的地形图则用于城市总体规划、厂址选择、区域布置、方案比较等。大面积的大比例尺测图可以用航空摄影测量方法成图。比例尺为1∶2.5万、1∶5万、1∶10万的地形图称为中比例尺地形图,它是国家的基本比例尺地形图,由测绘部门用航空摄影测量方法成图。1∶25万、1∶50万、1∶100万的地形图称为小比例尺地形图,一般根据大比例尺地形图和其他测量资料编绘而成。本书主要介绍的是大比例尺地形图的使用。

1.建筑设计中的地形图应用

现代技术设备能够推移大量的土方,在许多情况下,有可能将建设用地完全推平,消除用地上的所有高低起伏。但是,很多事实证明,剧烈改变地表的自然形态,仅在特殊场合下才可能是合理的,因为这种做法需要花费大量的资金,更主要的是破坏了周围的自然环境状态,如地下水、土层、植物生态和地区的景观环境。这就要求在进行建筑设计时,应该充分考虑地形特点,进行合理的竖向规划。例如,当地面坡度为 2.5%~5%时,应尽可能沿等高线方向布置较长的建筑物,这样房屋的基础工程较节约,道路和联系阶梯也容易布置。

地形对建筑物布置的间接影响是自然通风和日照效果方面的影响。由地形和温差形成的地形风,往往对建筑通风起着主要作用,常见的有山阴风、顶坡风、山谷风、越山风和山垭风等,在布置建筑物时,须结合地形并对照当地气象资料加以研究。为达到良好的通风效果,在迎风坡,高建筑物应置于坡上;在背风坡,高建筑物应置于坡下。把建筑物斜列布置在鞍部两侧迎风坡面,可充分利用垭口风,以取得较好的自然通风效果,建筑物斜列在山堡背风坡面两侧和正下坡,可利用绕流和涡流获得较好的通风效果。在平地,日照效果与地理位置、建筑物朝向和高度、建筑间隔等有关;在山区,日照效果除了与上述因素有关外,还与周围地形、建筑物处于向阳坡或背阳坡、地面坡度大小等因素密切相关。因此,山区的日照效果问题比平地复杂得多,必须对每个建筑物进行个别的具体分析。

在建筑设计中,既要珍惜良田好土,尽量利用薄地、荒地和空地,又要满足投资省、工程量少和使用合理等要求。如建筑物应适当集中布置,以节省农田、节约管线和道路;建筑物应结合地形灵活布置,以达到省地、省工、通风和日照效果均好的目的;公共建筑应布置在小区的中心;对不宜建筑的区域,要因地制宜地利用起来,如在陡坡、冲沟、空隙地和边缘山坡上建设公园和绿化地,自然形成或由采石、取土形成的大片洼地或坡地,高差较大,可用来布置运动场、露天剧场或水池;高地可设置气象台和电视转播站等。

建筑设计中所需要的这些地形信息,基本上都可以在地形图中获取。

2. 给排水工程设计中的地形图应用

选择自来水厂的厂址时,会借助地形图确定位置。如厂址设在河流附近时,要考虑厂址在洪水期内不会被水淹没,在枯水期内又能有足够的水量。水源离供水区不应太远,供水区的高差也不应太大。在 0.5%~1%地面坡度的地段,排出雨水是方便的。在地面坡度较大的地区内,要根据地形分区排水。由于雨水和污水的排除是靠重力在沟管内自流的,因此,沟管应有适当的坡度,在布设排水管网时,要充分利用自然地形。例如,雨水干沟应尽量设在地形低处或山谷线处,这样既能使雨水和污水畅通自流,又能使施工的土方量最小。

在防洪和排涝的涵洞和涵管等工程设计中,需要在地形图上确定汇水面积作为设计的依据。

3. 道路勘测设计中的地形图应用

道路的路线以平、直较为理想,实际上,受地形和其他原因的限制,要达到这种理想状态是很困难的。为了选择一条经济而合理的路线,必须进行路线勘测。路线勘测一般分为初测和定测两个阶段。

路线勘测是一个涉及面广、影响因素多、政策性和技术性都很强的工作。在路线勘测之前,要做好各种准备工作。要收集与路线有关的规划统计资料及地形、地质、水文和气象等资料,然后进行分析研究,在地形图(通常为 1∶5 000 的地形图)上初步选择路线走向,利用地形图对山区和地形复杂、外界干扰多、牵涉面大的线路区间进行重点研究。例如:路线可能沿哪些溪流,越过哪些垭口;路线通过城镇或工矿区时,是穿过、靠近还是避开而以支线连接等。研究设计方案时,应进行多种方案的比较。

初测是根据基本确定的路线走向、道路控点和路线等级标准而进行的外业调查勘测工作。通过初测，要求对路线的基本走向和方案作进一步的论证比较，概略地拟定中线位置，提出切合实际的初步设计方案和修建方案，确定主要工程的概略数量，为编制初步设计和设计概算提供所需的全部资料。因此，在指定的范围内，若有现势性强的大比例尺地形图和测量控制网，则初步设计时就可直接利用该地形图编制表示各路线方案的带状地形图和纵断面图；若没有合适的大比例尺地形图，就应先布设导线，测量各路线设计方案所经地带的带状地形图和纵断面图，收集沿线水文、地质等有关资料，为纸上定线、编制比较方案的初步设计提供依据。根据初步设计，选定某一方案，即可转入路线的定测工作。

定测是具体核定路线方案，实地标定路线，进行路线详细测量，实地布设桥涵等构造物，并为编制施工图收集资料，在选定设计方案的路线上进行中线测量、纵断面和横断面测量，以便在实地定出路线中线位置和绘制路线的纵横断面图。为布设桥涵等构造物的局部地区，还应提供或测绘大比例尺地形图。这些图件和资料为路线纵坡设计、工程测量计算等道路的技术设计提供了详细的资料。由此可见地形图在道路勘测中起着重要作用。

课程思政拓展阅读

材料1：在地图中有一种特殊的大比例尺地图，即地籍图。地籍图是基本地籍图和宗地图的统称，是表示土地权属界线、面积和利用状况等地籍要素的地籍管理专业用图，是地籍调查的主要成果。地籍图也是地籍管理的重要依据。据《周礼·地官司徒》载："大司徒之职，掌建邦之土地之图与其人民之数，以佐王安扰邦国。""小司徒之职……凡民讼以地比正之，地讼以图正之。"说明中国在公元前就已经有了国家土地图和作为调解土地纠纷的地籍图了。最著名的地籍图是明代的鱼鳞图册，明朝初年各州县分区编造，以田地为主，详列面积、地形、四至、土质及地主姓名，一式四份，分存各级政府，作为征税根据。因图上所绘田亩依次排列为鱼鳞，故称"鱼鳞图册"。以后几经修订，有些地区一直沿用至清代甚至民国时期。

除此之外，现藏于西安碑林的《潼关图》是内容完善、幅面较大、记载详尽的灾后地籍图。《潼关图》的刻石年代为清朝道光二十四年（公元1844年）二月二十五日。图幅四边分别注有东、西、南、北方位数字，定向是上南下北、左东右西。图高69 cm、宽132 cm，包括潼关城以北至黄河、渭河汇合处以南一带村庄地籍的详情，全图覆盖面积约24 km^2。《潼关图》反映了以下的内容：

（1）地界：地界以单实线表示，地界之间土地均注明了长、阔地域限隔尺寸，以"步"为单位，数字具体明确，是通过丈量后注出的，作为日后备查的根据（清丈量之法，以五尺为一步）。

此外，除上述小面积土地注出长、阔尺寸外，对远距离主要界点也单独注明距离。如"自大斜阡中行至教场滩东界共五千七百七十八步三尺""自教场滩南界至河边阔一千三百步"等。

（2）县城及村名：图上反映了大量村庄名称，注在所表示的村庄位置，外围绘出村庄概略范围框线，主要有潼关城、长兴堡、城隍庙、寺南寨子、田家庄、田村等。

（3）地界名：在每块地界之间均注有地界名，以便记忆和备查，其载负量颇大，但这是必不可少的名称注记，如街头阡、咸水井、田家井、柳家园、上子弯等。

(4)水系名:图中黄河、渭河等大河流均以双线绘出真实宽度,并注有名称;水渠以直线双线绘出,沙滩采用点状符号,外围框绘范围线;桥梁、路口均表示甚详,注有专有名称注记及符号。图中符号形状及表示方法大体与现代地图相似或一致。

《潼关图》是一幅典型灾情之后绘制的地籍图,它充分地反映了地籍专题特色。地界间距准确,长阔数字详尽,名称注记齐备,内容要素丰富,载负量大,范围广泛。

此图是研究清代潼关附近地籍测量不可多得的资料。

参考资料:刘家信. 古老的地籍图——《潼关图》[J]. 测绘通报,1998,27 卷(第 2 期):17。

材料 2:地形图比例尺的选择,就是要在地形图的内容需求和不同比例尺地形图的制图精度、经济、时效之间找到一个平衡点,既不能为刻意追求速度,而忽略了测绘比例尺的精度,也不能一味求“精”,把大量的时间和经济成本花费在地形图测绘上,影响到整个项目的开展。这样的决策过程符合中国传统文化“中庸之道”。中庸之道认为“欲速则不达”“过犹不及”,选择适合的“度”是中庸之道的精髓。“中庸”的无过无不及、不偏不倚或恰到好处,既是事物和谐发展的条件,也是事物相对和谐发展的状态。按照矛盾论的观点,事物的质只有处在合理的度的范围之内,事物才能保持相对的稳定和持续的存在。相对稳定和持续存在是和谐的重要特征之一。从整体的角度来追求和谐,达到比例协调。天人合一、整体和谐,是东方文化尤其是中国儒家文化的核心价值取向。因此,要达到天人合一的和谐状态,首先我们应树立适度观,使事物的质处于合理的度的范围之内,并尽可能朝向最佳的度的方向努力。在实践范围,“适度”原则是当仁不让的使命感同远见卓识能力的结合,是积极的进取精神与冷静的审时度势方法相结合的产物。遵循适度原则,处于合理的度的范围之内,增一分不是,减一分不足,恰到好处,适可而止,恰如其分。

结语

“文化是一个国家、一个民族的灵魂。文化兴国运兴,文化强民族强。没有高度的文化自信,没有文化的繁荣兴盛,就没有中华民族伟大复兴”。文化自信既是一个国家、民族真正强大的标志,也是一个国家、民族发展的更为基本、更为深沉、更为持久的力量。

中国和古埃及、古印度、古巴比伦,并称四大文明古国。古埃及、古印度、古巴比伦早已消失在历史的滚滚长河之中了,唯有中华文明以其顽强的生命力延续至今,并且从未中断。具有百万年的人类史、一万年的文化史、五千多年的文明史的中华民族创造了无与伦比、辉煌灿烂的文化。众多的文化经典是我们取之不尽、用之不竭的思想宝库,众多的古圣先贤激励着我们勇猛精进。诸子百家、先秦散文、魏晋玄学、宋明理学,汉赋、唐诗、宋词、元曲、明清小说等,让我们引以为傲。

习近平指出,中华优秀传统文化是中华民族的“根”和“魂”。连绵不断、博大精深的中华文化,积淀着中华民族最深层的精神追求,包含着中华民族最根本的精神基因,代表着中华民族独特的精神标识,是中华民族生生不息、发展壮大的丰厚滋养。几千年来,中华民族生生不息,连绵不断,形成了多民族团结统一的政治局面,形成了中华民族独特的民族精神,并长期领先于世,这与中华优秀传统文化的滋养是分不开的。中华优秀传统文化,过去对中华民族的生存和发展发挥了重要作用,今天对中华民族的繁荣发展仍然具有重要价值。

中华民族的悠久历史，孕育了灿烂辉煌的文化典籍，但是这些文化经典能否得到充分有效的利用，取决于我们对待传统文化的观念、态度、方法和水平。只有立足现实需要，迎接现实的挑战，以先进的理论思想作指导，充分吸收文化经典的智慧来解决现实问题，才是对优秀传统文化的继承和发扬。文化建设的根本在于创造。只有立足于现实，立足于中国特色社会主义现代化建设的实际需要，坚持在马克思主义先进理论的指导下，充分吸收借鉴和传承中华民族的优秀传统文化，才能创造出适合当今中国经济、政治、社会发展和人民需要的社会主义新文化，为全面建成社会主义现代化强国而贡献力量。

习近平指出："没有文明的继承和发展，没有文化的弘扬和繁荣，就没有中国梦的实现。"我们必须清醒地认识到，如果没有对民族文化的认同，没有对社会发展规律的深刻认识，没有对中华民族走社会主义道路必然性的深刻理解，没有对文化发展方向和发展道路的正确把握，从而建立起强大的文化自信，我们就会迷失方向、犹豫不决，我们就不可能凝聚起全体中华儿女的磅礴力量，不可能担负起中华民族伟大复兴的历史重任。

文化是民族的血脉，是人民的精神家园，是凝聚民族力量的精神纽带。今天，我们距离中华民族伟大复兴的历史目标比以往任何时候都要近。然而，行百里者半九十，越是在这样的关键时刻，我们越需要强大的文化自信做精神支撑。我们要实现中国特色社会主义文化强国的目标，必须培养高度的文化自信，努力弘扬中华文化，不断提升国家软实力，为实现中华民族伟大复兴的中国梦而努力奋斗。

参考资料：习近平同志指出：中华优秀传统文化是中华文明的智慧结晶和精华所在，是中华民族的根和魂，是我们在世界文化激荡中站稳脚跟的根基。——2022 年 5 月 27 日，习近平在中央政治局第三十九次集体学习时的讲话（网址：http://www.jiangxi.gov.cn/art/2022/9/29/art_5296_4161775.html）。

综合练习题 1

1. 下列不属于我国目前所采用的基本比例尺系列的是（　　）。
   A. 1∶500　　B. 1∶1 000　　C. 1∶50 万　　D. 1∶20 万
2. 下列不属于我国目前所采用的基本比例尺系列的是（　　）。
   A. 1∶5 000　　B. 1∶1 万　　C. 1∶25 万　　D. 1∶200
3. 下列不属于我国目前所采用的基本比例尺系列的是（　　）。
   A. 1∶5 万　　B. 1∶1 000 万　　C. 1∶100 万　　D. 1∶2.5 万
4. 下列不属于我国目前所采用的基本比例尺系列的是（　　）。
   A. 1∶15 万　　B. 1∶500　　C. 1∶2 000　　D. 1∶10 万
5. 大于 1∶100 万的国家基本比例尺地形图采用的地图投影方式是（　　）。
   A. 高斯-克吕格投影　　B. 圆柱投影　　C. 圆锥投影　　D. 平面投影
6. 国家基本比例尺 1∶100 万地形图采用的地图投影方式是（　　）。
   A. 多圆锥投影　　B. 伪圆柱投影
   C. 圆柱投影　　D. 双标准纬线正轴等角割圆锥投影
7. 下列比例尺的地形图，适合用于城市总体规划的是（　　）。
   A. 1∶500　　B. 1∶50 万　　C. 1∶25 万　　D. 1∶1 万

8. 下列比例尺的地形图，适合用于工程建设的规划、设计、施工等的是（　　）。
A. 1∶100 万　　B. 1∶50 万　　C. 1∶5 000　　D. 1∶25 万

9. 下列比例尺的地形图，适合用于城市详细规划及工程项目初步设计的是（　　）。
A. 1∶10 万　　B. 1∶2 000　　C. 1∶5 万　　D. 1∶25 万

10. 下列比例尺的地形图，适合用于厂址选择、区域布置、方案比较的是（　　）。
A. 1∶100 万　　B. 1∶50 万　　C. 1∶25 万　　D. 1∶5 000

11. 地形图的比例尺用分子为 1 的分数形式表示时，（　　）。
A. 分母大，比例尺大，表示地形详细　　B. 分母小，比例尺小，表示地形概略
C. 分母大，比例尺小，表示地形详细　　D. 分母小，比例尺大，表示地形详细

12. 下列比例尺中，最大的是（　　）。
A. 1∶100 万　　B. 1∶50 万　　C. 1∶5 000　　D. 1∶25 万

13. 下列比例尺中，最小的是（　　）。
A. 1∶1 000　　B. 1∶500　　C. 1∶2 000　　D. 1∶5 000

14. 某公路项目需要进行施工设计，发现现有 1∶1 万比例尺的地形图显示的地物地貌不够详细，则应该（　　）。
A. 选用 1∶5 000 比例尺的地形图　　B. 选用图幅尺寸更大的地形图
C. 选用 1∶2.5 万比例尺的地形图　　D. 选用印刷质量更好的地形图

15. 某土地整理项目需要使用地形图，发现现有 1∶1 万比例尺的地形图中居民地的地物显示不够详细，则应该（　　）。
A. 测绘或选用比例尺更大的地形图　　B. 扩大测区范围
C. 选用测量精度更高的仪器测绘地形图　　D. 选用图幅尺寸更大的地形图

16. 地形图图幅一定时，比例尺与图幅显示范围的关系是（　　）。
A. 比例尺大则显示的范围就大　　B. 比例尺大则显示的范围就小
C. 比例尺小则显示的范围就小　　D. 比例尺大小与显示的范围无关

17. 关于比例尺的描述正确的是（　　）。
A. 无论比例尺大小，比例尺的比值是固定的
B. 比例尺的比值越大，比例尺越大
C. 比例尺的比值越大，比例尺越小
D. 比例尺的比值越小，比例尺越大

18. 关于比例尺的描述正确的是（　　）。
A. 比例尺的比值越大，可显示地形越详细
B. 比例尺的比值越大，可显示地形越概略
C. 比例尺的比值越小，可显示地形越详细
D. 比例尺比值的大小与显示地形的详细还是概略无关

19. 关于比例尺的描述正确的是（　　）。
A. 比例尺比值小，比例尺大，表示地形详细
B. 比例尺比值大，比例尺小，表示地形概略
C. 比例尺比值小，比例尺小，表示地形详细
D. 比例尺比值大，比例尺大，表示地形详细

20. 下列说法正确的是(　　)。

A. 地形图测图比例尺的选择只与测区范围有关,测区范围越大,选择的测图比例尺就越大

B. 地形图测图比例尺的选择与地形图的用途有关,要求地形显示越详细测图比例尺就越小

C. 地形图测图比例尺的选择与地形图的用途有关,要求地形显示越详细测图比例尺就越大

D. 地形图测图比例尺的选择只与测区范围有关,测区范围越大,选择的测图比例尺越小

第 2 章　地面点位的表示方法

地面点的位置通常由该点投影到地球椭球面的位置(坐标)和点到大地水准面的铅垂距离(高程)来确定。

地图点高程课件　地图点高程视频

§2.1　地面点高程

2.1.1 水准面

假设一个静止不动的海水面扩展延伸,使其穿过大陆和岛屿,形成一个封闭的曲面,这个静止的海水面称作水准面。

水准面的特性是与铅垂线相垂直。同一水准面上各点的重力位相等,故又将水准面称为重力等势面,它具有几何意义和物理意义。水准面有无数多个。水准面和铅垂线就是实际测量工作所依据的面和线。

2.1.2　大地水准面

海水受潮汐、风浪等影响,海面时高时低,其中与平均海水面相吻合的水准面称为大地水准面。大地水准面只有一个。

2.1.3　绝对高程

地面点到大地水准面的铅垂距离称为该点的绝对高程,简称高程或海拔,用符号 H 表示。图 2.1 中 H_A、H_B 分别为 A、B 两点的高程。

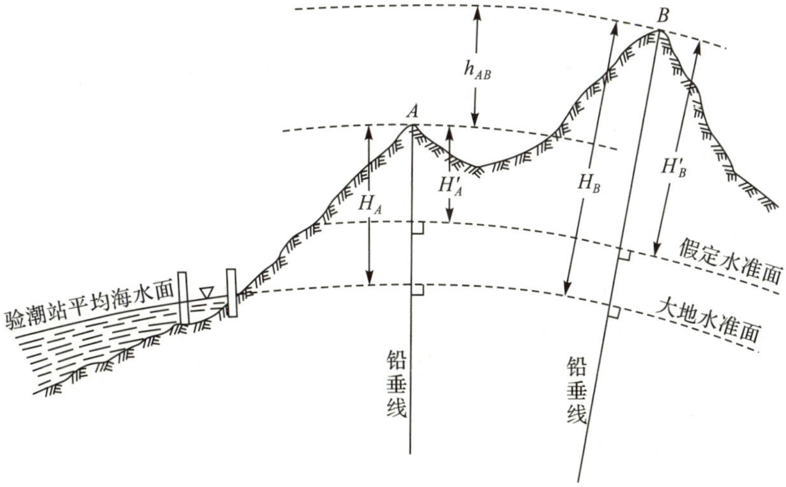

图 2.1　地面点的高程

我国的高程起算面是与黄海平均海水面相吻合的大地水准面，该面上各点高程为零。新中国成立初期，曾利用青岛验潮站 1950—1956 年的观测资料，求出黄海平均海水面作为大地水准面，建立了“1956 黄海高程系”，并在青岛建立中华人民共和国水准原点（图 2.2），其高程为 72.289 m。目前我国采用的“1985 国家高程基准”，是根据青岛验潮站 1952—1979 年的观测资料，经过计算建立的，并测算出该水准原点的高程为 72.260 m。从该水准原点出发，以不同的精度用水准测量的方法测定了许多水准点，供高程测量使用。

图 2.2 我国当前的水准原点标志

例 我国使用高程系的名称是（ ）。

A. 1954 黄海高程系　　B. 1956 黄海高程系

C. 1985 国家高程基准　　D. 1980 国家高程基准

答案选 BC。

2.1.4 假定高程

当测区内没有已知水准点或引用已知高程有困难时，可以任意假定一个水准面作为高程起算面，地面点到这个假定水准面的铅垂距离称为该点的假定高程或相对高程。图 2.1 中 H'_A、H'_B 分别为 A、B 两点的假定高程。

2.1.5 高差

地面两点间的高程或相对高程之差称为高差，用 h 表示。图 2.1 中从 A 点至 B 点的高差为

$$h_{AB}=H_B-H_A \text{ 或 } h_{AB}=H'_B-H'_A$$

可见两点间高差与高程起算面无关。

另外，从 B 点至 A 点的高差为

$$h_{BA}=H_A-H_B \text{ 或 } h_{BA}=H'_A-H'_B$$

从 B 点至 A 点的高差与 A 点至 B 点的高差理论上互为相反数。

例 根据 1956 黄海高程系，A 点高程为 213.464 m，B 点高程为 214.529 m，现测得在某假设高程系下 A 点高程为 220.041 m，试计算 B 点在此假设高程系下的高程。

解方法一：

首先，计算 A、B 两点间的高差为

$$h_{AB}=H_B-H_A=214.529\text{ m}-213.464\text{ m}=1.065\text{ m}$$

然后，通过 A 点高程计算 B 点高程值为

$$H'_B = H'_A + h_{AB} = 220.041\ \text{m} + 1.065\ \text{m} = 221.106\ \text{m}$$

解方法二：

A 点在不同高程系中高程值不同是因为高程起算面不同造成的，所以有等式，即

$$H'_B - H_B = H'_A - H_A$$

$$H'_B = H'_A - H_A + H_B = 220.041\ \text{m} - 213.464\ \text{m} + 214.529\ \text{m} = 221.106\ \text{m}$$

§2.2　地面点的坐标

2.2.1　测量坐标系的形式

测量二维坐标系统有椭球面坐标或平面坐标：大地坐标系、高斯平面直角坐标系和独立平面直角坐标系。无论是高斯平面直角坐标系还是独立平面直角坐标系，均以纵轴为 X 轴，横轴为 Y 轴，这与数学上笛卡儿平面坐标系的轴正好相反。测量与数学上关于坐标象限的规定也有所不同，二者均以北东为第一象限，但数学上的四个象限为逆时针递增，而测量上则为顺时针递增。数学中的平面直角坐标系以纵轴为 Y 轴，自原点向上为正，向下为负；以横轴为 X 轴，自原点向右为正，向左为负；象限按逆时针方向编号。测量上的平面直角坐标系以南北方向的纵轴为 X 轴，自原点向北为正，向南为负；以东西方向的横轴为 Y 轴，自原点向东为正，向西为负；象限按顺时针方向编号。

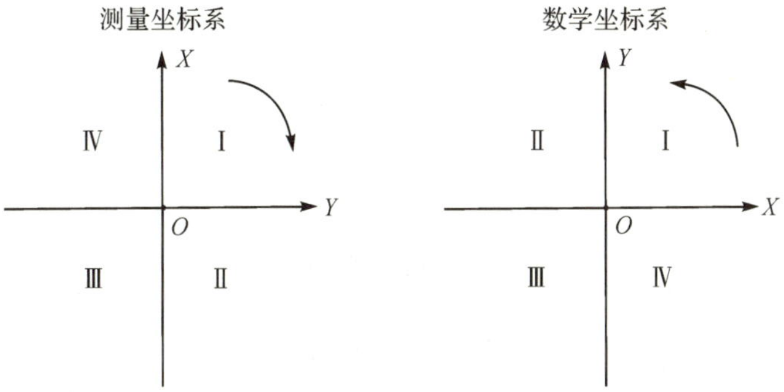

图 2.3　测量坐标系与数学坐标系

2.2.2　高斯平面直角坐标系及我国采用的测量坐标系统

1. 高斯平面直角坐标系

高斯平面直角坐标系：当测区范围比较大时，不能把球面看成平面。此时，为将球面点投影到平面上，必须采用适当的投影方法来实现，我国采用的是高斯-克吕格投影法（简称高斯投影），所建立的平面直角坐标系，称为高斯平面直角坐标系。

分带投影课件　分带投影视频

1）高斯投影分带

高斯投影属于等角投影，即投影前后的角度相等，但长度和面积有变形。该投影方式下，中央子午线和赤道的投影都是直线，并且正交，其他子午线和纬线都是曲线。中央子午线的长度不变，离中央子午线越远的线变形越大，并且两侧对称，为减少投影变形，高斯投影分为 6°

带和 3°带投影。

投影带是将地球按经线划分成带。从首子午线(经度为 0°)起,每隔经度 6°划为一带,称为 6°带,如图 2.4 所示,自西向东将整个地球划分为 60 个带,带号从首子午线开始,用阿拉伯数字表示,这样的全球分带方法称为统一投影带,位于各带中央的子午线称为该带的“中央子午线”(或称主子午线)。如图 2.5 所示,第一个 6°带的中央子午线经度为 3°,任意一个 6°带中央子午线的经度 λ_0 可按下式计算(式中 N 为投影带号)

$$\lambda_0=6°N-3°$$

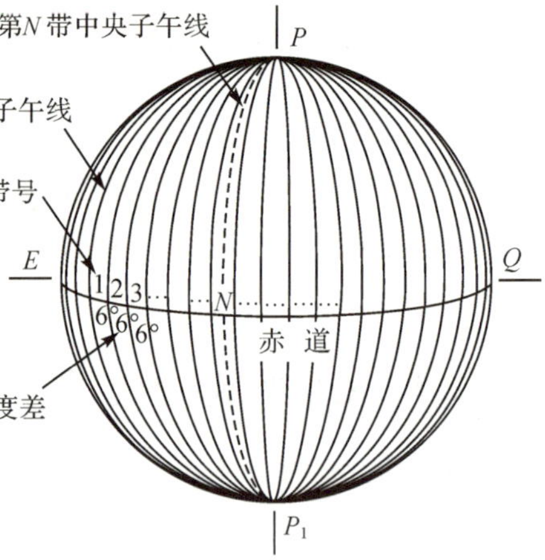

图 2.4　高斯-克吕格投影分带

在测量工作中,6°带高斯投影只能满足 1∶2.5 万及更小比例尺测图的精度要求,对于需要 1∶1 万或更大比例尺图的测量来说,必须采用 3°或 1.5°分带投影。3°带是从东经 1°30′起,每隔 3°经差划带,将整个地球分成 120 个带,每一个 3°带中央子午线的经度 λ'_0 按下式计算(式中 n 为投影带号)

$$\lambda'_0=3°n$$

对于已知任意一地的经度 λ 时,可按下列公式计算其所在 6°带及 3°带的带号,带号计算出来后,可再分别计算其中央子午线的经度。

$$N=\mathrm{INT}(\lambda/6°+1)$$
$$n=\mathrm{INT}(\lambda/3°+0.5)$$

式中,INT()为取整函数。

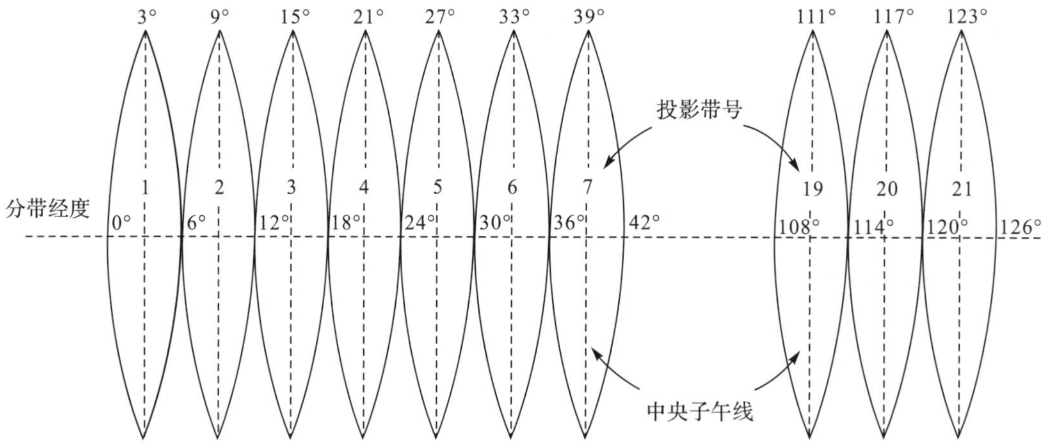

图 2.5　6°带中央子午线及带号

例 1　某地经度为东经 103°01′13″,求其所在的高斯投影 6°带和 3°带的带号及其中央子午线的经度。

解：该 6°带的带号及其中央子午线的经度分别为

$$N=\text{INT}(103°01'13''/6°+1)=\text{INT}(18.17)=18$$

$$\lambda_0=6°N-3°=6°\times18-3°=105°$$

该 3°带的带号及其中央子午线的经度分别为

$$n=\text{INT}(103°01'13''/3°+0.5)=\text{INT}(34.84)=34$$

$$\lambda_0'=3°n=3°\times34=102°$$

2）高斯平面直角坐标系的建立及通用坐标

高斯投影的基本原理是：设想取一个椭圆柱面与地球椭球的某一中央子午线相切，如图 2.6 所示，在椭球面图形与椭圆柱面图形保持等角的条件下（称为正形投影），将椭球面图形投影在椭圆柱面上，然后将椭圆柱面沿着通过南、北极的母线切开，展开成平面。在这个平面上，中央子午线与赤道成为相互垂直相交的直线，分别作为高斯平面直角坐标系的纵轴（X 轴）和横轴（Y 轴），在赤道上两轴的交点 O 作为坐标的原点，如图 2.7(a)所示。在该坐标系内，规定 X 轴向北为正，Y 轴向东为正。点到赤道的距离为 x（赤道以北 x 值为正），到中央子午线的距离为 y（中央子午线以东 y 值为正），由这两个距离组成了该点的高斯自然坐标（x，y）。我国位于北半球，境内的 x 坐标值恒为正值，y 坐标值则有正有负。例如，图 2.7(a)中 A 点和 B 点的横坐标为：$y_A=+27\ 680$ m，$y_B=-34\ 240$ m。为避免坐标出现负值，将每个投影带的坐标原点向西移 500 km，则投影带中任一点的横坐标值都恒为正值。例如，图 2.7(b)中，$Y_A=y_A+500\ 000$ m$=27\ 680$ m$+500\ 000$ m$=527\ 680$ m。由于不同投影带内相同位置点的投影坐标值都相同，无法使得地面点与其坐标值一一对应。因此，还应在其横坐标值前冠以带号，以便根据点的横坐标值确定该点位于哪个 6°带内。例如，设 A 点位于第 20 带内，则其横坐标值为 20 527 680 m。这种变化后的坐标值称为通用坐标值。

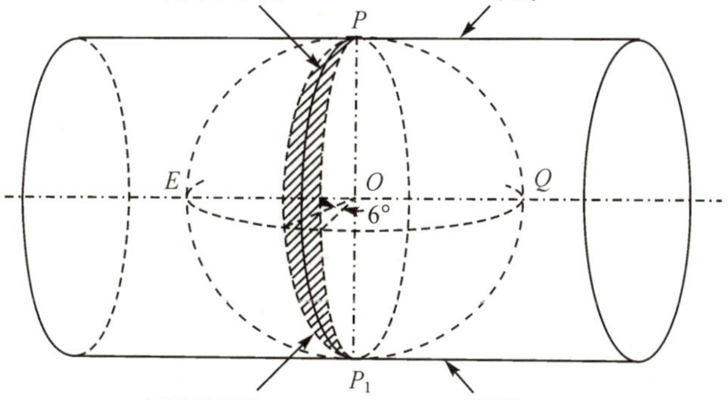

图 2.6　高斯投影原理示意

通用坐标值计算表达式为

$$Y=N\cdot10^6\text{ m}+(y+500\ 000\text{ m})$$

例 2　设 B 点位于第 20 带内，y 坐标自然值 $y_B=-34\ 240$ m，请计算 B 点通用坐标值 Y_B。

解：

$$\begin{aligned}Y_B&=N\cdot10^6\text{ m}+(y_B+500\ 000\text{ m})\\&=20\times10^6\text{ m}+(-34\ 240\text{ m}+500\ 000\text{ m})\\&=20\ 465\ 760\text{ m}\end{aligned}$$

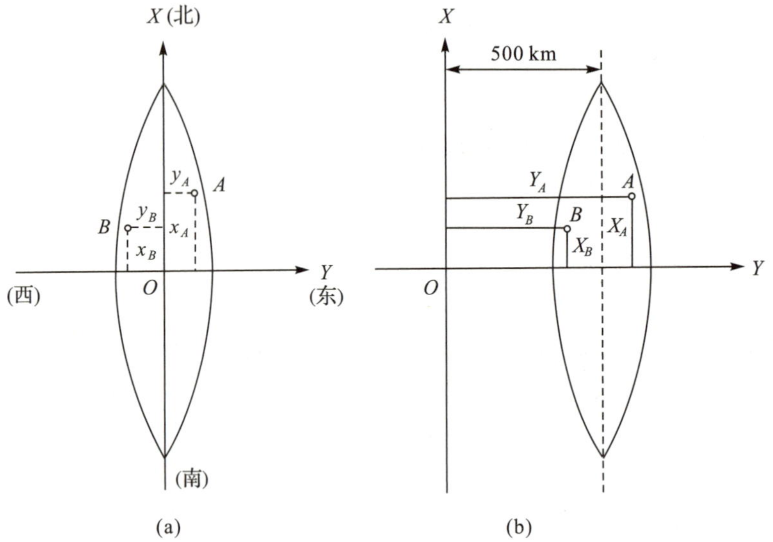

图 2.7　高斯平面直角坐标系

2.我国采用的测量坐标系统

1)1954 北京坐标系

1954 北京坐标系可以认为是苏联 1942 坐标系的延伸。它的原点不在北京，而在当时苏联的普尔科沃。相应的椭球为克拉索夫斯基椭球。

1954 北京坐标系的缺点如下：

(1)椭球参数有较大误差。

(2)参考椭球面与我国大地水准面存在着自西向东明显的系统性倾斜，在东部地区，大地水准面差距最大达+68 m。

(3)几何大地测量和物理大地测量应用的参考面不统一。

(4)定向不明确。

2)1980 西安坐标系

1980 西安坐标系的特点如下：

(1)采用 1975 国际大地测量与地球物理学联合会(IUGG)第 16 届大会上推荐的椭球基本参数。

长半轴 $a=6\ 378\ 140$ m

短半轴 $b=6\ 356\ 755.288\ 2$ m

扁率 $\alpha=1/298.257$

第一偏心率平方 $e^2=6.694\ 384\ 999\ 59\times10^{-3}$

第二偏心率平方 $e'^2=6.739\ 501\ 819\ 47\times10^{-3}$

(2)椭球面同似大地水准面在我国境内最为密合，是多点定位。

(3)定向明确。椭球短轴平行于地球质心指向地极原点的方向。

(4)大地原点地处我国中部，位于西安北 60 km 处的咸阳市泾阳县永乐镇，简称西安原点。

(5)基准面采用青岛验潮站 1952—1979 年确定的黄海平均海水面(即 1985 国家高程基

准)。

3)2000 国家大地坐标系

2000 国家大地坐标系,是我国当前最新的国家大地坐标系。该坐标系是全球地心坐标系在我国的具体体现,其原点为包括海洋和大气的整个地球的质量中心。采用地心坐标系,有利于采用现代空间技术对坐标系进行维护和快速更新,测定高精度大地控制点三维坐标,并提高测图工作效率。

2000 国家大地坐标系采用的地球椭球参数如下:

长半轴 $a = 6\ 378\ 137$ m

扁率 $f = 1/298.257\ 222\ 101$

地心引力常数 $GM = 3.986\ 004\ 418 \times 10^{14}\ \mathrm{m^3/s^2}$

自转角速度 $\omega = 7.292\ 115 \times 10^{-5}$ rad/s

2.2.3　坐标方位角

1. 标准方向

测量工作中常用的标准方向有真子午线方向、磁子午线方向和平面直角坐标纵轴方向三种。

坐标方位角及其推算课件

(1)真子午线方向。经过地面一点指向地球南北极的方向称为该点的真子午线方向。真子午线方向可用天文测量方法或用陀螺经纬仪测定。

(2)磁子午线方向。经过地面一点指向地球磁南北极的方向称为该点的磁子午线方向。磁子午线方向可用罗盘仪测定。

(3)平面直角坐标纵轴方向。采用高斯平面直角坐标系时,取平行于投影带中央子午线的方向作为平面直角坐标纵轴方向;采用独立平面直角坐标系时,则取平行于其坐标纵轴方向作为基准方向。

2. 直线方向的表示方法

直线的方向一般用方位角表示。直线的方位角是指从标准方向北端起,顺时针量到直线间的夹角,其角值范围为 0°～360°。由于标准方向的不同,直线的方位角有真方位角、磁方位角和坐标方位角三种。

(1)真方位角:以真子午线的北端为标准方向计算的方位角为真方位角,用符号 X 表示。

(2)磁方位角:以磁子午线的北端为标准方向计算的方位角为磁方位角,用符号 N' 表示。

(3)坐标方位角:以平面直角坐标纵轴的北端为标准方向计算的方位角为坐标方位角,用符号 N 表示(关于三北方向的关系在 § 3.3 中有介绍)。

一条直线有两个方向,如果测量从 A 向 B 进行,我们把 AB 方向叫正方向,此时,直线 AB 的坐标方位角 α_{AB} 就是正坐标方位角,而 BA 方向为反方向,BA 方向的方位角 α_{BA} 为反坐标方位角,如图 2.8 所示。正、反坐标方位角相差 180°,即 $\alpha_{AB} = \alpha_{BA} \pm 180°$,当 $\alpha_{BA} > 180°$时取"－",当 $\alpha_{BA} < 180°$时取"＋"。

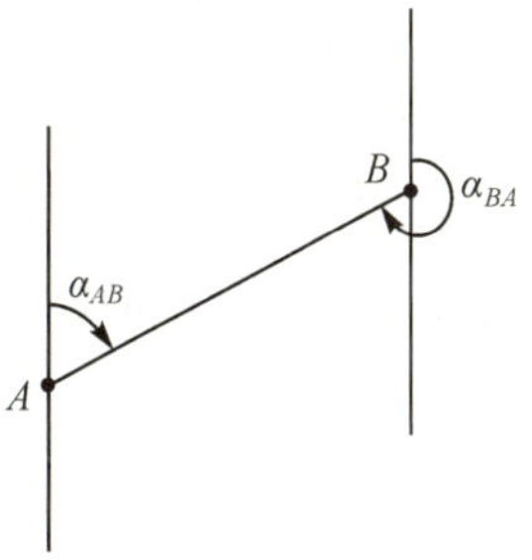

图 2.8　坐标方位角

例　某直线的坐标方位角为 21°13′32″,则反坐标方位角为(　　)。

A. 201°13′32″　　B. 338°46′28″　　C. 158°46′28″　　D. －158°46′28″

答案为 A。

解: 根据公式，$\alpha_{AB}=\alpha_{BA}\pm180°$，因为正方位角 $21°13'32''<180°$，应该取"+"，所以得到 $\alpha_{AB}=\alpha_{BA}+180°=201°13'32''$。

3. 坐标方位角推算

在实际测量工作中，在野外能够直接测量的角度数据只有空间两方向之间的水平角和目标方向与水平方向之间的竖直角，所以坐标方位角是根据已知坐标方位角和水平角推算出来的。下面介绍坐标方位角的推算。

如图 2.9 所示，OA 边的坐标方位角已知为 α_{OA}，OA 与 OB 之间的水平夹角为 β。根据坐标方位角的定义，计算公式为

$$\alpha_{OB}=\alpha_{OA}+\beta$$

换个思路，如图 2.10 所示，OA 方向与 OB 方向有公共起点 O 点，OB 的方向方位角可以看成由 OA 方向顺时针旋转了 β 角以后获得。按照坐标方位角的定义，顺时针方向坐标方位角是增加，所以得出 $\alpha_{OB}=\alpha_{OA}+\beta$。若公式计算出来的结果超过坐标方位角 $0°\sim360°$ 的取值范围，则将结果减去 $360°$。

如果 OA 方向与 OB 方向如图 2.11 所示，则把 OB 的方向方位角看成由 OA 方向逆时针旋转了 β 角以后获得。按照坐标方位角的定义，逆时针方向坐标方位角是减小，所以得出 $\alpha_{OB}=\alpha_{OA}-\beta$。若公式计算出来的结果为负数，不在坐标方位角 $0°\sim360°$ 的取值范围内，则将结果加上 $360°$。

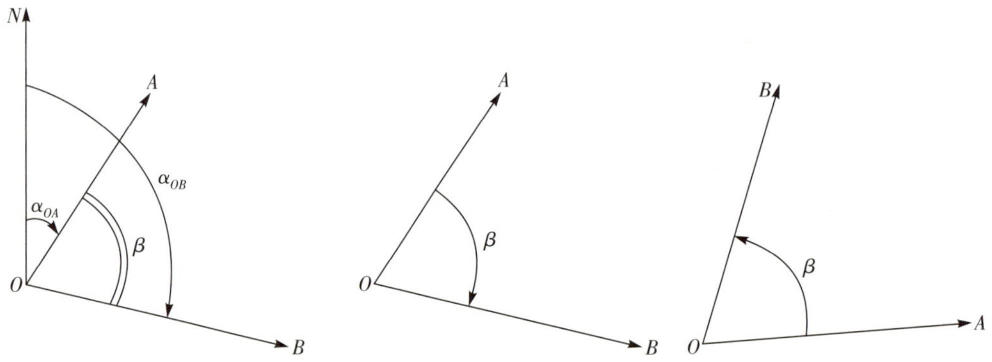

图 2.9 坐标方位角 图 2.10 坐标方位角 图 2.11 坐标方位角

例 地面上有 O、A、B 三点，已知 AO 边的坐标方位角 $\alpha_{AO}=192°44'$，OA 与 OB 之间的夹角 $\beta=56°37'$，则 OB 边的坐标方位角为多少？

解: 由于已知条件中的水平角是 OA 与 OB 的夹角，所以要想推算出 OB 边的坐标方位角，要先将已知条件中的 α_{AO} 转换为 α_{OA}。

$$\alpha_{OA}=\alpha_{AO}\pm180°$$

因为 $\alpha_{AO}>180°$，应该取"−"，所以

$$\alpha_{OA}=192°44'-180°=12°44'$$

OB 边可以看成是由 OA 边以 O 为原点逆时针旋转 $56°37'$ 后得到的。

$$\alpha_{OB}=\alpha_{OA}-56°37'=12°44'-56°37'=-43°53'$$

$-43°53'$不在坐标方位角的取值范围内，所以

$$\alpha_{OB}=-43°53'+360°=316°7'$$

2.2.4　平面直角坐标系坐标计算

1. 斜距

仪器距被测目标的直线距离即为斜距。一般用 S 表示，如图 2.12 所示。

点的坐标计算课件　点的坐标计算视频

2. 平距

平距是仪器与观测点间的水平距离。用 D 表示，在地形图上通过比例尺计算出的实地距离都是平距，如图 2.12 所示。

3. 坐标计算公式

如图 2.13 所示，A 点坐标已知，AB 方位角为 α_{AB}，AB 间平距为 D_{AB}，则 B 点的坐标计算公式为

$$x_B=x_A+D\cdot\cos\alpha_{AB}$$

$$y_B=y_A+D\cdot\sin\alpha_{AB}$$

式中，$D\cdot\cos\alpha_{AB}$、$D\cdot\sin\alpha_{AB}$ 表示为 A 点到 B 点的纵坐标增量 Δx 和横坐标增量 Δy。根据上面的公式，可以发现有如下规律（表 2.1）。

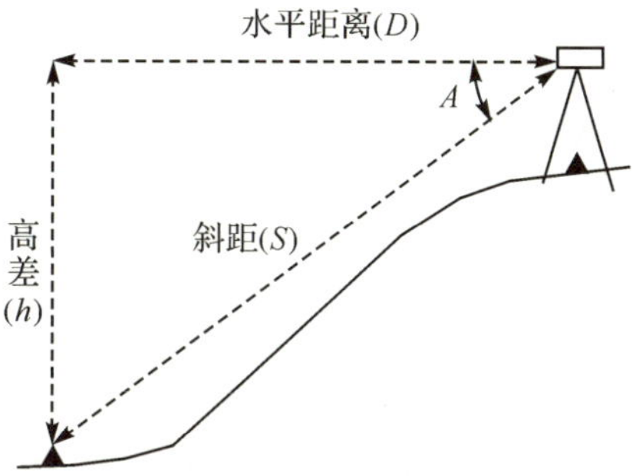

图 2.12　距离

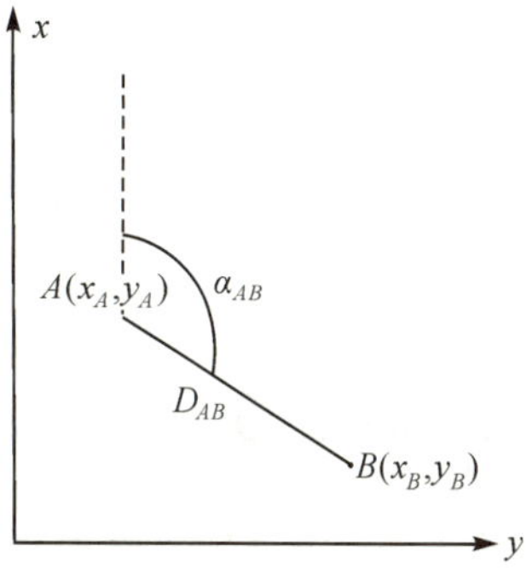

图 2.13　坐标计算

表 2.1　坐标与坐标方位角的关系

A、B 点坐标关系		坐标方位角 α_{AB}	备注
$x_A=x_B$	$y_A<y_B$	90°	B 点位于 A 点正东方向上
	$y_A=y_B$	任意值	A、B 点重合
	$y_A>y_B$	270°	B 点位于 A 点正西方向上
$x_A<x_B$	$y_A<y_B$	0°～90°	B 点位于 A 点北东方向上
	$y_A=y_B$	0°	B 点位于 A 点正北方向上
	$y_A>y_B$	270°～360°	B 点位于 A 点北西方向上
$x_A>x_B$	$y_A<y_B$	90°～180°	B 点位于 A 点南东方向上
	$y_A=y_B$	180°	B 点位于 A 点正南方向上
	$y_A>y_B$	180°～270°	B 点位于 A 点南西方向上

例 1　已知 A(279 345.234，3 476 534.232)、B(279 623.142，3 476 131.223)，则 A、B 的

相对位置关系如下图(　　)所示。

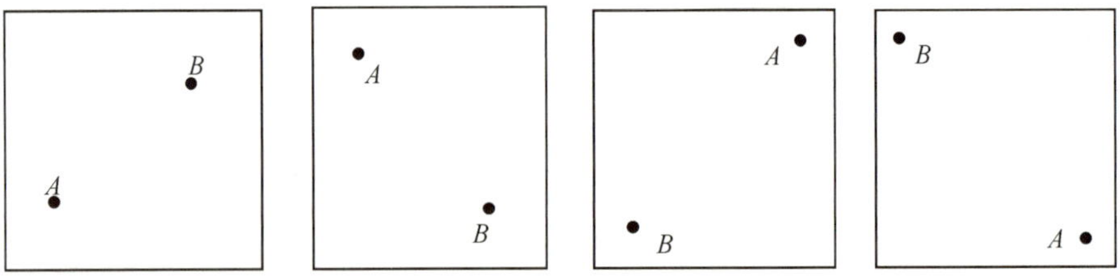

A　　　　B　　　　C　　　　D

答案选 D。

解:根据给出的 A、B 点坐标得出

$$x_A < x_B$$

$$y_A > y_B$$

所以坐标方位角 α_{AB} 在 270°～360°之间,属第Ⅳ象限,图 D 中两点的相对位置关系符合,所以选 D。

例 2　已知图上有 A、B 两点,图上量得 BA 方位角 α_{BA} 为 215°,则下列 A、B 两点的坐标关系正确的是(　　)。

A. $x_A < x_B$　　　B. $x_A > x_B$　　　C. $y_A \leqslant y_B$　　　D. $y_A > y_B$

答案选 A。

解:由于

$$\alpha_{AB} = \alpha_{BA} - 180° = 35°$$

属于第Ⅰ象限,则有 $x_A < x_B$,$y_A < y_B$,所以选 A。

课程思政拓展阅读

材料 1:世界上海拔最高的山峰是珠穆朗玛峰(简称珠峰)。对珠峰高程的测量体现了一个国家的测绘技术水平,也代表着人类对自然的探索永不止步!

2020 年 12 月 8 日,中国和尼泊尔联合公布珠峰“新身高”——8848.86 米。历史上,我国对珠峰共进行过 7 次大规模测绘。1966 年至 1968 年,国家测绘总局和中国科学院合作,组队对珠峰高程进行测量,未在峰顶竖立测量觇标,也未测量峰顶冰雪厚度,高程也未公布。1975 年,我国第三次对珠峰进行测量,7 月 23 日,新华社宣布:珠穆朗玛峰的海拔高程为 8 848.13 m(已减去积雪厚度 0.92 m)。1992 年,我国测绘人员同意大利登山队合作对珠峰高程进行复测,开展了平面控制测量、水准测量、天文重力测量,用 GPS 接收机同步进行了珠峰交会测量。1998 年,我国测绘人员同美国登山队合作对珠峰高程进行过一次复测,开展了平面控制测量、水准测量、天文重力测量、GPS 联测。珠峰交会测量由于美国登山队登顶失败未能进行,只采用常规三角测量方法对珠峰峰顶进行了交会。这两次测量均未对外公布珠峰的高程。1999 年我国又与美国登山队合作进行了一次珠峰高程测量,用 GPS 测量计算了珠峰雪面高程。

2005 年,我国再次开展珠峰高程测量工作,测量队采用了传统大地测量与卫星测量结合的技术方法，并首次在珠峰峰顶测量中利用冰雪雷达探测仪测量冰雪厚度，经过严密计算，测得珠峰峰顶岩石面海拔高程为 8 844.43 m。

2020 年 5 月 27 日，8 名攻顶队员成功登顶珠峰完成峰顶测量任务。本次测量首次使用 GNSS 接收机通过北斗卫星进行高精度定位测量；首次实现人类在珠峰峰顶开展重力测量；首次通过天文望远镜拍摄到了攻顶队员登顶的过程，以及在峰顶活动的画面。

2020 珠峰高程测量工作实现了技术创新和突破，使用 GNSS 接收机通过北斗卫星进行高精度定位测量，使用雪深雷达探测仪探测峰顶雪深，使用重力仪进行重力测量，这些高精度测量仪器都是我国自主研发的。本次测量也是人类首次在珠峰峰顶开展重力测量，这有利于优化珠峰地区的大地水准面、提高珠峰高程精度。

参考资料：中国青年网. 珠峰！8848. 86 米[EB/OL]. (2020. 12. 08). https://news.youth.cn/gn/202012/t20201208_12610213.htm。

新京报. 8848. 86 米珠峰新“身高”揭晓[EB/OL]. (2020. 12. 08). https://www.bjnews.com.cn/detail/160740140315271.html。

材料 2:地面点位的确定基础是方向的确定。中国古代四大发明之一指南针的发明使确定磁子午线方向成为可能，这是中国对人类文明作出的伟大贡献。

南宋文天祥著有一首《扬子江》：“几日随风北海游，回从扬子大江头。臣心一片磁针石，不指南方不肯休。”这是用指南针的指向来比喻自己忠于南宋的决心，却也在无意中显示出指南针在宋代已普及。

北宋沈括的《梦溪笔谈》中记载：“方家以磁石磨针锋，则能指南，然常微偏东，不全南也。水浮多荡摇，指爪及碗唇上皆可为之，运转尤速，但坚滑易坠，不若缕悬为最善。其法取新纩中独茧缕，以芥子许蜡，缀于针腰，无风处悬之，则针常指南。其中有磨而指北者，余家指南、北者皆有之。磁石之指南，犹柏之指西，莫可原其理。”这段话讲了指南针的人工磁化方法，讲了磁偏角的发现，讲了指南针的架设方法。

《梦溪笔谈》中的“然常微偏东，不全南也”就是磁偏角现象。

地球磁场的方向与地理方向有着微小的偏差，地磁北极与地理北极并不重合，地磁北极的位置每年都在移动。地理北极与地磁北极之间的角度差称为“磁偏角”。由于磁偏角的存在，“指南针”的指向的确略微偏离了正南方向。据说直到 1492 年意大利人哥伦布在横渡大西洋的航行中才观察到磁偏角现象，比沈括晚了 400 多年。

参考资料：郭晔旻. 从司南到罗盘指南针的发明之路[J]. 国家人文历史，2020 年 10 月上：127。

关增建. 指南针理论在中国历史上的演变术[J]. 自然科学史研究，2005 年第 2 期：128-143。

材料 3: 2020 年 7 月 31 日，我国向世界郑重宣告，我国自主建设、独立运行的北斗全球卫星导航系统全面建成。

全球四大卫星导航系统是美国全球定位系统(GPS)、俄罗斯格洛纳斯卫星导航系统(GLONASS)、欧洲伽利略卫星导航系统(Galileo)和我国北斗卫星导航系统(简称北斗系统)。

北斗系统是我国着眼于国家安全和经济社会发展需要，自主建设、独立运行的卫星导航系统，是为全球用户提供全天候、全天时、高精度的定位、导航和授时服务的重要空间基础设施。

我国自 20 世纪 80 年代开始，一直探索适合国情的卫星导航系统发展道路，形成了“三步走”发展战略：

(1)2000年年底，建成北斗一号系统，向中国提供服务。

(2)2012年年底，建成北斗二号系统，向亚太地区提供服务。

(3)2020年，建成北斗三号系统，向全球提供服务。

2020年7月31日，习近平在北斗三号全球卫星导航系统建成暨开通仪式上充分肯定北斗系统建设取得的成就，并指出，北斗三号全球卫星导航系统的建成开通，充分体现了我国社会主义制度集中力量办大事的政治优势，对提升我国综合国力，对进一步增强民族自信心、努力实现“两个一百年”奋斗目标，具有十分重要的意义。

参考资料：李成智. 中国航天技术的突破性发展[J]. 中国科学院院刊，2019，34(9)：1014-1027。

结语

科技是国家强盛之基，创新是民族进步之魂。习近平指出，坚持创新在我国现代化建设全局中的核心地位。要看到，高质量发展是创新驱动的发展，创新是高质量发展的第一动力。世界百年未有之大变局加速演进，在危机中育先机、在变局中开新局，就要充分发挥科技创新的支撑引领作用。科技对国家的发展至关重要。它对于改善民生问题，推动产业结构的优化，提升综合国力及实现民族的振兴具有深远影响。科技创新是人类社会发展的重要引擎，是应对许多全球性挑战的有力武器，也是中国构建新发展格局、实现高质量发展的必由之路。2022年1月1日起，新修订的《中华人民共和国科学技术进步法》正式施行，作为我国科技领域的“基本法”，其对促进科学技术进步、推动科技创新的意义重大。

习近平强调：“实现中华民族伟大复兴的中国梦，必须坚持走中国特色自主创新道路，面向世界科技前沿、面向经济主战场、面向国家重大需求、面向人民生命健康，加快各领域科技创新，掌握全球科技竞争先机。这是我们提出建设世界科技强国的出发点。”坚持走中国特色自主创新道路，是历史经验的科学总结，是面向未来的必然选择，只有把核心技术掌握在自己手中，才能真正掌握竞争和发展的主动权。

站在实现“两个一百年”奋斗目标的历史交汇点上，我们比以往任何时候都更加需要创新思维。这是我们加强原创性、引领性科技攻关，打赢关键核心技术攻坚战，实现高水平科技自立自强的重要条件。

综合练习题 2

1. 我国使用的高程系的名称是(　　)。

A. 1954 黄海高程系　　B. 1956 黄海高程系

C. 1980 国家高程基准　　D. 1984 国家高程基准

2. 我国现使用的高程系有(　　)。

A. 1980 黄海高程系　　B. 1954 黄海高程系

C. 1984 国家高程基准　　D. 1985 国家高程基准

3. 已知 A 点高程为 1 901.233 m，B 点高程为 1 942.198 m，则 AB 之间高差为（　　）。

A. 40.965　　B. −40.965　　C. 40.965 m　　D. 以上答案都不对

4. 已知 A 点高程为 1 911.203 m，B 点高程为 1 932.158 m，则 BA 之间高差为（　　）。

A. 1 911.203 m　　B. 1 932.158 m　　C. 20.955 m　　D. −20.955 m

5. 已知 A、B 两点在 1956 黄海高程系下的高程值分别为 1 902.421 m 和 1 932.158 m，试计算 A、B 两点在 1985 国家高程基准下的高程值。

6. 我国使用的平面坐标系的名称是（　　）。

A. 1954 北京坐标系　　B. 1956 北京坐标系

C. 1985 西安坐标系　　D. 1985 国家大地坐标系

7. 在高斯平面直角坐标系中，纵轴为（　　）。

A. x 轴，向东为正　　B. y 轴，向东为正

C. x 轴，向北为正　　D. y 轴，向北为正

8. 测量使用的高斯平面直角坐标系与数学使用的笛卡儿坐标系的区别是（　　）。

A. X 轴与 Y 轴互换，第Ⅰ象限相同，象限逆时针编号

B. X 轴与 Y 轴互换，第Ⅰ象限相同，象限顺时针编号

C. X 轴与 Y 轴不变，第Ⅰ象限相同，象限顺时针编号

D. X 轴与 Y 轴互换，第Ⅰ象限不同，象限顺时针编号

9. 坐标方位角的取值范围为（　　）。

A. 0°～270°　　B. −90°～90°　　C. 0°～360°　　D. −180°～180°

10. 在高斯平面直角坐标系中，x 轴方向为（　　）方向。

A. 东西　　B. 左右　　C. 南北　　D. 前后

11. 高斯平面直角坐标系中直线的方位角是按（　　）方式量取的。

A. 纵坐标北端起逆时针　　B. 横坐标东端起逆时针

C. 纵坐标北端起顺时针　　D. 横坐标东端起顺时针

12. 直线方位角与该直线的反方位角相差（　　）。

A. 180°　　B. 360°　　C. 90°　　D. 270°

13. 地面上有 A、B、C 三点如下图所示，已知 AB 边的坐标方位角 $\alpha_{AB}=35°23'$，测得左夹角 $\angle ABC=89°34'$，则 CB 边的坐标方位角 $\alpha_{CB}=$（　　）。

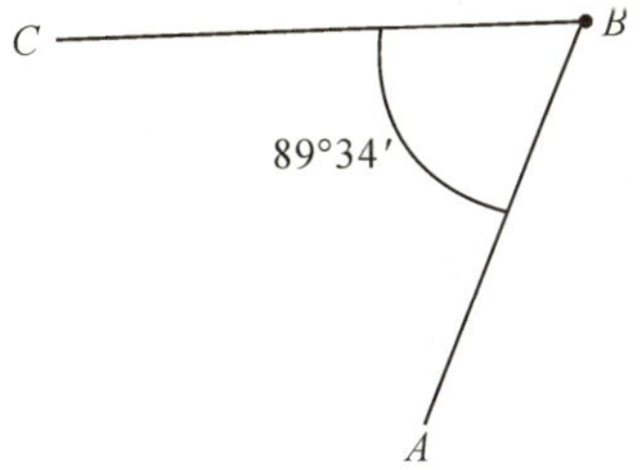

A. 124°57′　　B. 304°57′　　C. −54°11′　　D. 305°49′

14. 某直线的坐标方位角为 121°23′36″，则反坐标方位角为（　　）。

A. 238°36′24″　　B. 301°23′36″　　C. 58°36′24″　　D. −58°36′24″

15. 某直线的坐标方位角为 58°36′24″，则反坐标方位角为（　　）。

A. 238°36′24″　　B. −121°23′36″　　C. −301°23′36″　　D. −58°36′24″

16. 已知 A(168 445.234,3 236 534.232)、B(168 623.142,3 236 131.223),则 A、B 的相对位置关系如下图(　　)所示。

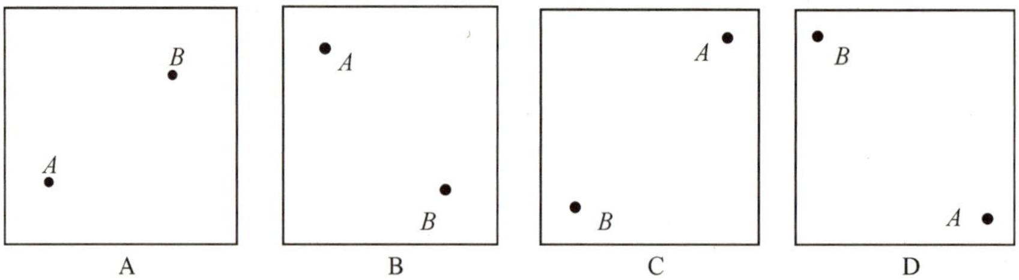

17. 已知 AB 连线的坐标方位角 α_{AB} 为 38°36′24″,则 A、B 两点的相对位置关系如下图(　　)所示。

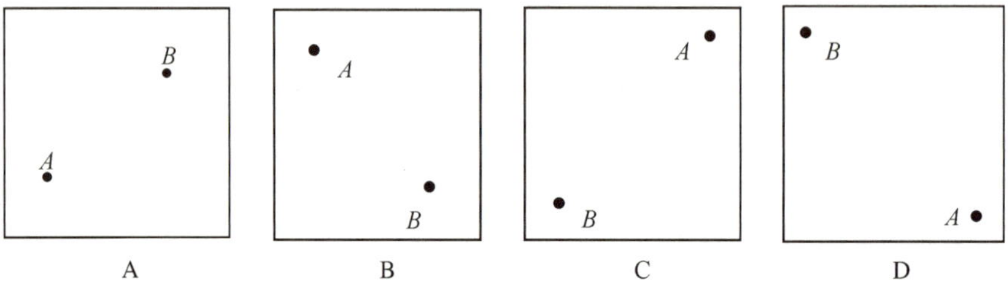

18. 已知 BA 连线的坐标方位角 α_{BA} 为 48°12′21″,则 A、B 两点的相对位置关系如下图(　　)所示。

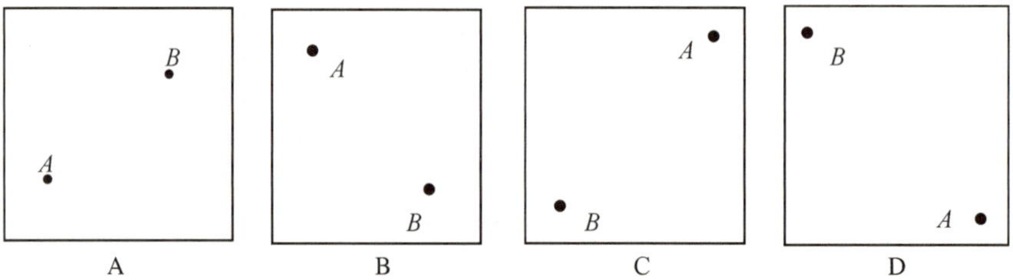

19. 某点的经度为东经 125°48′36″,求该经度在 6°带和 3°带下的带号和带号所在带的中央子午线经度值。

20. 设 A 点位于第 19 带内,y 坐标自然值 $y_A = -17\ 210$ m,请计算 A 点通用坐标值 Y_A。

21. 条件如下图所示,求 BC 方向方位角。

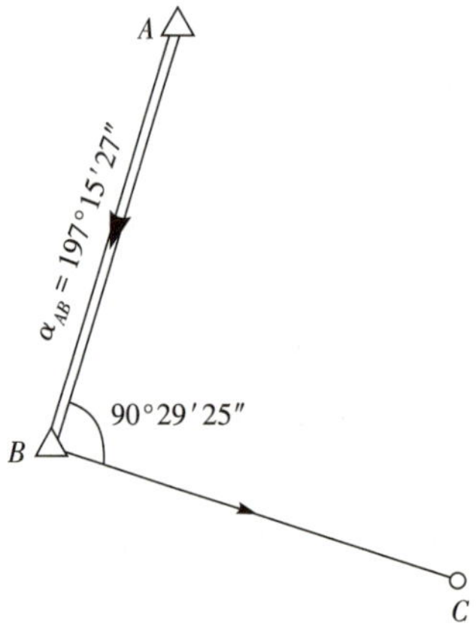

22. 条件如下图所示，求 OB 方向方位角。

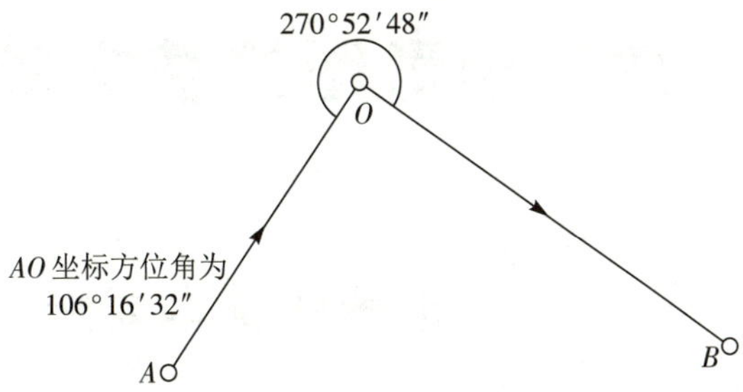

23. 条件如下图所示，求 BC 方向方位角。

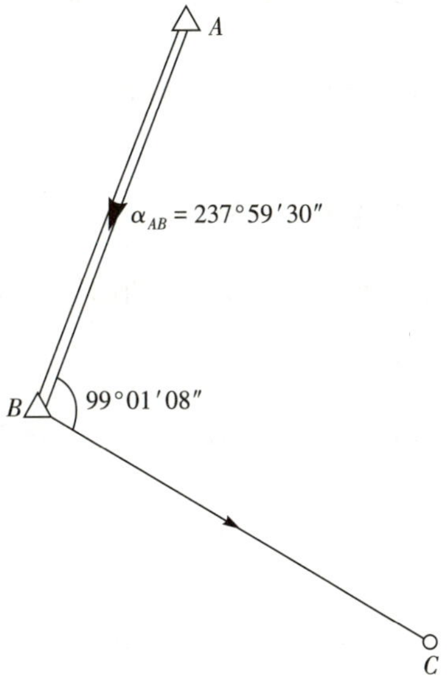

第3章　地形图的基本知识

§3.1　地形图的基本要素

1. 比例尺的定义

图上任一直线段长度与地面上相应线段的实地水平长度之比，称为比例尺。

2. 比例尺的分类

地形图比例尺常用数字比例尺和图示比例尺两种。

1）数字比例尺

数字比例尺用分子为 1，分母为整数的分数表示，分数$\frac{1}{M}$也写作 1∶M 的形式。设图上某直线的长度为 d，地面上相应的水平距离为 D，则该图的比例尺为

$$\frac{d}{D}=\frac{1}{M}$$

式中，M 为比例尺分母，M 值越小，比例尺越大。数字比例尺如 1∶500、1∶1 000 等。

数字比例尺课件　数字比例尺视频

例 1　计算并填写下表。

比例尺	1∶500	1∶1 000	1∶2 000	1∶5 000
图上距离/mm	1	1	1	1
实地距离/m				

解：根据公式

$$\frac{d}{D}=\frac{1}{M}$$

变换得

$$D=d\cdot M$$

在 1∶500 比例尺下，即

$$D=d\cdot M=1\ \text{mm}\times 500=500\ \text{mm}=0.5\ \text{m}$$

同理计算得

比例尺	1∶500	1∶1 000	1∶2 000	1∶5 000
图上距离/mm	1	1	1	1
实地距离/m	0.5	1	2	5

例 2　一幅地形图比例尺为 1∶1 000，图上有一矩形图斑，其面积为 1 cm^2，求图斑相应的实地平面面积。

解: 假设图斑为正方形,则实地边长为

$$D=d\cdot M=1\ \text{cm}\times 1\,000=10\ \text{m}$$

实地面积为

$$S=D^2=10\ \text{m}\times 10\ \text{m}=100\ \text{m}^2$$

即实地面积 S=图上面积 $S'\cdot$(比例尺分母 M)^2。

2)图示比例尺

图示比例尺常见的是直线比例尺,它表示单位图上线段长度所代表的实地长度。

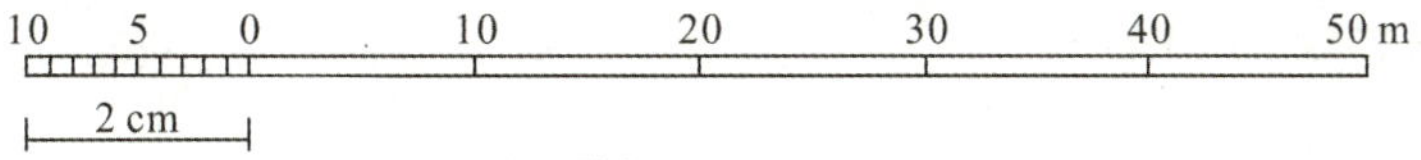

1∶500

图 3.1　直线比例尺

图 3.1 所示为 1∶500 的直线比例尺,图上线段长度 2 cm 代表实地长度 10 m。图示比例尺一般标注在图纸的下方,便于用分规在图上直接量取直线段的水平距离,并且可抵消图纸伸缩的影响。

例 3　在使用图示比例尺的图上量取两点间距离。

解: 应用时,用分规的两个脚尖对准地形图上要量测的两点,再移至直线比例尺上,使分规的一个脚尖放在 0 点右面适当的分划线上,另一脚尖落在 0 点左面的基本单位上,则两个脚尖读数之和就等于待量两点的距离,不足一个小划分的部分可以目估。如下图所示,实地水平距离为 34 m。

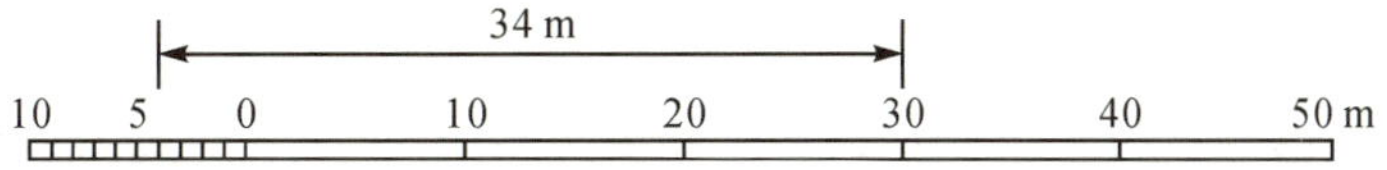

3. 比例尺精度

由于正常人眼能分辨图纸上的最短距离是 0.1 mm,因此,在描绘地形图或在图上量取距离时就只能精确到 0.1 mm。所以,把地形图上 0.1 mm 所表示的实地水平长度称为比例尺的精度。表 3.1 显示了不同比例尺的比例尺精度。可以看出,比例尺越大,表示地表的情况越详细,精度就越高;反之,比例尺越小,表示地表情况越简略,精度就越低。在相同图幅大小的情况下,比例尺越大,所表示的范围越小。

表 3.1　比例尺精度

比例尺	1∶500	1∶1 000	1∶2 000	1∶5 000
比例尺精度/m	0.05	0.10	0.20	0.50

比例尺的精度可以解决以下两个问题:一是确定量距精度问题。测绘某种比例尺地形图时,其实地量距的精度只需达到该图比例尺的精度即可。二是合理选择测图比例尺问题。比例尺越大,要求实地量距的精度越高,测绘工作量越大;比例尺越小,虽然测绘工作量较小,但实地量距的精度也较低。因此,当明确了在图上应表示的实地水平距离精度时,可按上表合理选择测图比例尺,例如:要在图上表示 0.5 m 的实际长度,则选用的比例尺应不小于 $0.1/(0.5\times 1\,000)=1/5\,000$。

§3.2 地形图的分幅和编号

为了便于测绘、使用和管理，需将各种比例尺地形图进行统一的分幅和编号。地形图的分幅方法有两类：一类是按经纬线分幅的梯形分幅法，用于国家基本比例尺地形图和大面积1∶2 000、1∶5 000地形图；另一类是按坐标格网分幅的矩形分幅法，用于工程建设的大比例尺地形图。

3.2.1 梯形分幅和编号

1. 旧分幅和编号方法

梯形分幅法是按国际统一规定的经差和纬差划分而成的梯形图幅，又称国际分幅法。我国1∶5 000～1∶50万七种比例尺地形图是以1∶100万比例尺地形图为基础分幅和编号的。

1)1∶100万比例尺地形图的分幅和编号

按国际1∶100万地图会议(1913年，巴黎)规定，1∶100万的世界地图实行统一的分幅和编号。即自经度180°开始起算，自西向东按经差6°分成60纵行，各行依次用1、2、…、60表示纵行号；赤道向北或向南分别按纬差4°分成22横列，各列依次用A、B、…、V表示。每一梯形格为一幅1∶100万的地图。其编号由其所在的“横列—纵行”的编号组成。

为了区分北、南半球，在列号前冠以N和S(我国地处北半球，图号前的N全部省略)。由于随纬度的增高地图面积迅速缩小，规定在60°～76°之间双幅合并，即按经差12°、纬差4°分幅；在76°～88°之间4幅合并，经差为24°，纬差为4°；88°以上单独为一幅。我国处于60°以下，不存在合幅问题。

例如，北京某地的经度为东经116°24′29″，纬度为北纬39°56′30″，则其所在的1∶100万比例尺地形图的图号为J-50，如图3.2所示。

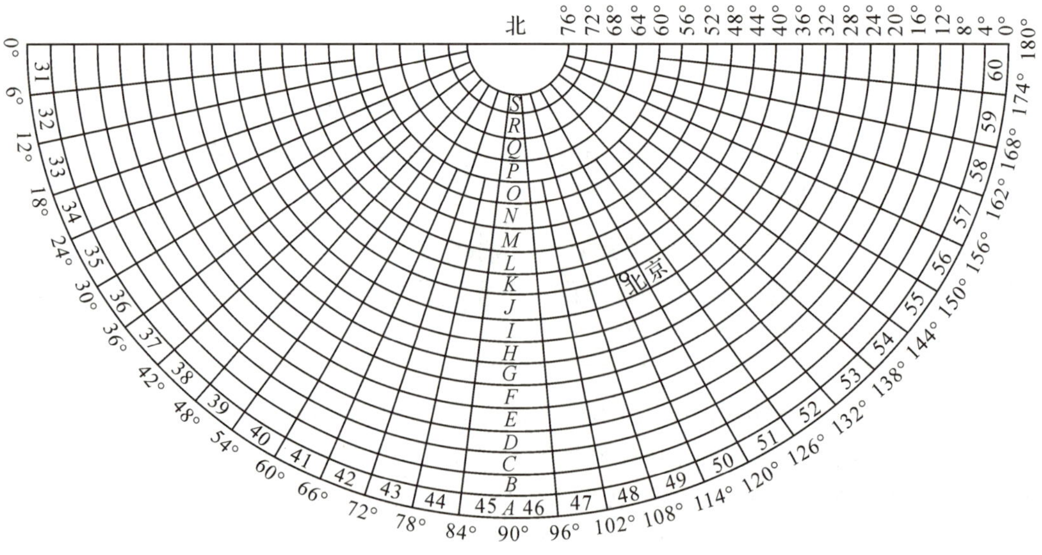

图3.2　1∶100万比例尺地形图梯形分幅

2）1∶50 万、1∶25 万、1∶10 万比例尺地形图的分幅和编号

这三种比例尺地形图都是在 1∶100 万比例尺地形图基础上进行分幅和编号的，如图 3.3 所示。将一幅 1∶100 万比例尺地形图按经差 3°、纬差 2°分为 4 幅 1∶50 万比例尺地形图，从左到右、自上而下以 A、B、C、D 为代号，每幅的编号是在 1∶100 万比例尺地形图的编号后缀由相应代号组成，如 J-50-A。

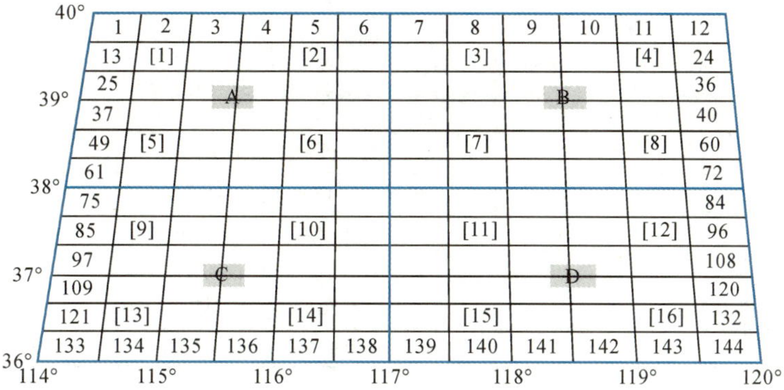

图 3.3　旧分幅和编号示例

将一幅 1∶100 万比例尺地形图按经差 1°30′、纬差 1°分为 16 幅 1∶25 万比例尺地形图，以[1]、[2]、[3]、…、[16]为代号，每幅的编号是在 1∶100 万比例尺地形图的编号后缀由相应代号组成，如 J-50-[3]。将一幅 1∶100 万比例尺地形图按经差 30′、纬差 20′分为 144 幅 1∶10 万比例尺地形图，以 1、2、3、…、144 为代号，每幅的编号是在 1∶100 万比例尺地形图的编号后缀由相应代号组成，如 J-50-5。

3）1∶5 万、1∶2.5 万、1∶1 万比例尺地形图的分幅和编号

如图 3.4 所示，将一幅 1∶10 万比例尺地形图分为 2 行 2 列共 4 幅 1∶5 万比例尺地形图，从左到右、自上而下以 A、B、C、D 为代号，每幅的编号是由 1∶10 万比例尺地形图的编号后加上相应代号组成，如 J-50-5-B。

将一幅 1∶5 万比例尺地形图分为 2 行 2 列共 4 幅 1∶2.5 万比例尺地形图，以 1、2、3、4 为代号，每幅的编号是由 1∶5 万比例尺地形图的编号后加上相应代号组成，如 J-50-5-B-2。将一幅 1∶10 万比例尺地形图分为 8 行 8 列共 64 幅 1∶1 万比例尺地形图，以(1)、(2)、(3)、…、(64)为代号，每幅的编号是由 1∶10 万比例尺地形图的编号后加上相应代号组成，如 J-50-5-(15)。

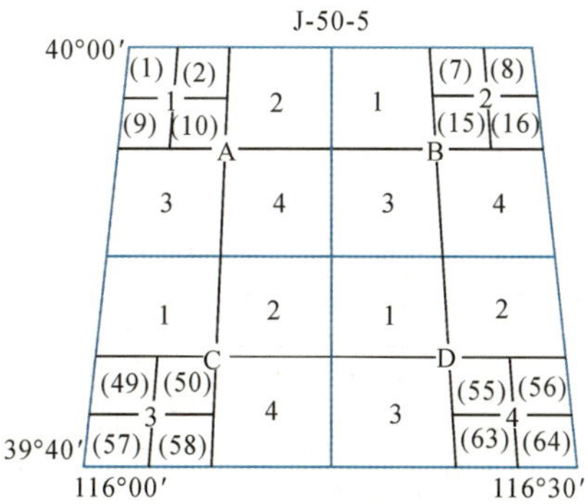

图 3.4　1∶5 万、1∶2.5 万、1∶1 万比例尺地形图的分幅和编号示例

4)1∶5 000 比例尺地形图的分幅和编号

1∶5 000 比例尺地形图是将 1∶1 万比例尺地形图分为 2 行 2 列共 4 幅，分别以 a、b、c、d 为代号，每幅的编号是由 1∶1 万比例尺地形图的编号后加上相应代号组成，如 J-50-5-(15)-c。

各种比例尺地形图的梯形分幅和编号关系如表 3.2 所示。

表 3.2　旧分幅和编号关系

地形图比例尺	图幅大小		图幅包含关系	图幅编号示例
	经度差	纬度差		
1∶100 万	6°	4°		J-50
1∶50 万	3°	2°	1∶100 万图幅包含 4 幅	J-50-A
1∶25 万	1°30′	1°	1∶100 万图幅包含 16 幅	J-50-[1]
1∶10 万	30′	20′	1∶100 万图幅包含 144 幅	J-50-1
1∶5 万	15′	10′	1∶10 万图幅包含 4 幅	J-50-144-A
1∶2.5 万	7′30″	5′	1∶5 万图幅包含 4 幅	J-50-144-A-2
1∶1 万	3′45″	2′30″	1∶10 万图幅包含 64 幅	J-50-144-(62)

2. 国家基本比例尺地形图现行分幅和编号

我国 2012 年颁布的《国家基本比例尺地形图分幅和编号》(GB/T 13989—2012)国家标准，自 2012 年 10 月起实行。新测和更新的基本比例尺地形图，均须照此标准进行分幅和编号。

国家基本比例尺地形图图幅编号课件

国家基本比例尺地形图图幅编号视频

1)分幅

以 1∶100 万比例尺地形图为基础，一幅 1∶100 万比例尺地形图按表 3.3 所列经差与纬差，分成 1∶50 万～1∶500 等 10 种比例尺地形图的图幅数分别为 4、16、144、576、2 304、9 216、36 864、331 776、1 327 104、5 308 416 幅，不同比例尺地形图的经纬差、行列数和图幅呈简单的倍数关系。

表 3.3　现行分幅关系

地形图比例尺	图幅大小		1∶100 万图幅包含关系		
	纬差	经差	行数	列数	图幅数
1∶100 万	4°	6°	1	1	1
1∶50 万	2°	3°	2	2	4
1∶25 万	1°	1°30′	4	4	16
1∶10 万	20′	30′	12	12	144
1∶5 万	10′	15′	24	24	576
1∶2.5 万	5′	7′30″	48	48	2 304
1∶1 万	2′30″	3′45″	96	96	9 216
1∶5 000	1′15″	1′52.5″	192	192	36 864
1∶2 000	25″	37.5″	576	576	331 776
1∶1 000	12.5″	18.75″	1 152	1 152	1 327 104
1∶500	6.25″	9.375″	2 304	2 304	5 308 416

2)1∶5 000～1∶50 万比例尺地形图编号

1∶5 000～1∶50 万比例尺地形图编号均以 1∶100 万比例尺地形图为基础，采用行列式编号方法。也就是将 1∶100 万比例尺地形图所含分幅后的各种比例尺地形图，横行自上而下、纵列从左到右按顺序分别用 3 位阿拉伯数字(数字码，不足 3 位补 0)编号，取行号在前、列号在后的排列形式，加在 1∶100 万比例尺地形图的编号之后。为了不导致各种比例尺混淆，还采用不同的英文字符作为比例尺的代码，如表 3.4 所示。

表 3.4　比例尺代码

比例尺	1∶50 万	1∶25 万	1∶10 万	1∶5 万	1∶2.5 万	1∶1 万	1∶5 000	1∶2 000	1∶1 000	1∶500
代码	B	C	D	E	F	G	H	I	J	K

具体图幅编号均由 10 位代码构成，即 1∶100 万比例尺地形图行号(字符码，第 1 位)、列号(数字码，第 2、3 位)，比例尺代码(字符码，第 4 位)和该幅图的行号(数字码，第 5～7 位)、列号(数字码，第 8～10 位)，如图 3.5 所示。

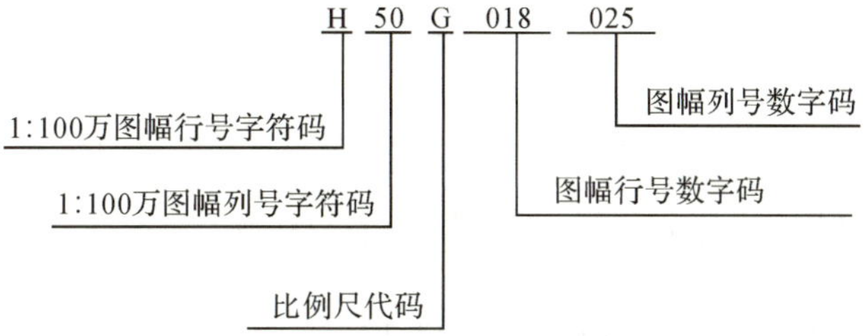

图 3.5　1∶5 000～1∶50 万比例尺地形图图幅编号含义

3)1∶2 000 比例尺地形图编号

1∶2 000 比例尺地形图经、纬分幅的图幅编号方法可与 1∶5 000～1∶50 万比例尺地形图编号方法相同，也可以根据需要以 1∶5 000 比例尺地形图编号分别加短线，再加 1、2、3、4、5、6、7、8、9 表示，其编号方式如图 3.6 所示。图 3.6 中灰色区域所示图幅编号为 H51H018025-3。

4)1∶1 000、1∶500 比例尺地形图编号

1∶1 000、1∶500 比例尺地形图编号均以 1∶100 万比例尺地形图为基础进行，行、列编号方式与 1∶5 000～1∶50 万比例尺地形图编号方式相同，但要强调的是，横行自上而下、纵列从左到右按顺序分别用 4 位阿拉伯数字(数字码，不足 4 位补 0)编号，所以 1∶1 000、1∶500 比例尺地形图编号共 12 位，如图 3.7 所示。

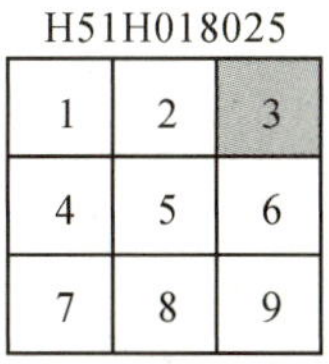

图 3.6　1∶2 000 比例尺地形图图幅编号示例

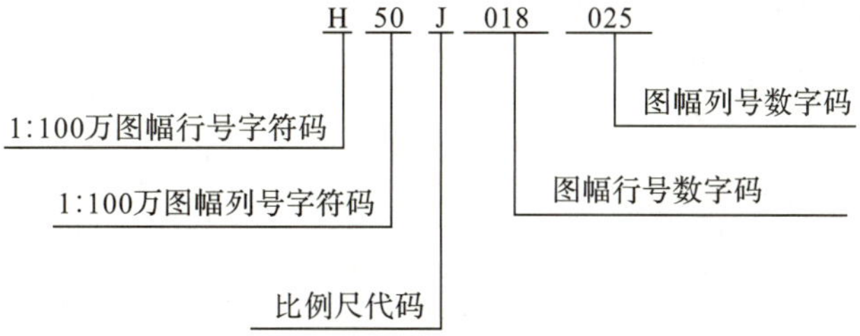

图 3.7　1∶1 000、1∶500 比例尺地形图图幅编号含义

例 1　某地经度为东经 121°31′34″，纬度为北纬 31°16′38″，求该点所在的 1∶1 万比例尺地形图编号(按新图幅编号方法)。

解:新图幅编号采用十位编号,前三位为所在的 1∶100 万图幅的图号,所以首先要计算该点所在的 1∶100 万比例尺地形图的图号,然后再计算 1∶1 万比例尺地形图在图中的行号和列号。

(1)按下列公式求出基础图 1∶100 万图幅的图号为

$$h=\mathrm{INT}\left(\frac{\phi}{4^\circ}\right)+1$$

$$l=\mathrm{INT}\left(\frac{\lambda}{6^\circ}\right)+1$$

式中,ϕ 表示纬度;λ 表示经度;INT()为取整函数,如 INT(9.6)则取 9。

我国疆域位于东半球,故纵列号大于 30,上式改写为

$$a=\mathrm{INT}\left(\frac{\phi}{4^\circ}\right)+1$$

$$b=\mathrm{INT}\left(\frac{\lambda}{6^\circ}\right)+31$$

式中,a 表示行号,b 表示列号。

代入数据得

$$a=\mathrm{INT}\left(\frac{\phi}{4^\circ}\right)+1=\mathrm{INT}\left(\frac{31^\circ16'38''}{4^\circ}\right)+1=\mathrm{INT}(7.819)+1=8$$

$$b=\mathrm{INT}\left(\frac{\lambda}{6^\circ}\right)+31=\mathrm{INT}\left(\frac{121^\circ31'34''}{6^\circ}\right)+31=\mathrm{INT}(20.254)+31=51$$

因此,该点所在 1∶100 万比例尺地形图的图幅号是 H51。

(2)按下列公式求出 1∶1 万比例尺地形图在 1∶100 万比例尺地形图中的行号和列号为

$$c=\frac{4^\circ}{\Delta\phi}-\mathrm{INT}\left(\frac{\mathrm{MOD}\left(\frac{\phi}{4^\circ}\right)}{\Delta\phi}\right)$$

$$d=\mathrm{INT}\left(\frac{\mathrm{MOD}\left(\frac{\lambda}{6^\circ}\right)}{\Delta\lambda}\right)+1$$

式中,$\Delta\phi$ 表示分幅纬度差;$\Delta\lambda$ 表示分幅经度差;MOD()为两数相除求余数函数,如 $\mathrm{MOD}\left(\frac{10}{3}\right)=1$;$c$ 表示行号;d 表示列号。

根据表格,$\Delta\phi=2'30''$,$\Delta\lambda=3'45''$。

代入数据得

$$c=\frac{4^\circ}{2'30''}-\mathrm{INT}\left(\frac{\mathrm{MOD}\left(\frac{31^\circ16'38''}{4^\circ}\right)}{2'30''}\right)=96-\mathrm{INT}\left(\frac{3^\circ16'38''}{2'30''}\right)=96-78=18$$

$$d=\mathrm{INT}\left(\frac{\mathrm{MOD}\left(\frac{121^\circ31'34''}{6^\circ}\right)}{3'45''}\right)+1=\mathrm{INT}\left(\frac{1^\circ31'34''}{3'45''}\right)+1=24+1=25$$

所以,图幅号为 H51G018025。

例 2 某点所在地形图图幅的编号为 H51G018025,求该图幅西南图廓点的经纬度及其范围。

解: 图号为 $X_1X_2X_3X_4X_5X_6X_7X_8X_9X_{10}$，则根据该图号的前三位 $X_1X_2X_3$ 可以计算出它所在的 1∶100 万比例尺地形图对应的西南图廓点经纬度 λ_0、ϕ_0，计算公式如下

$$\lambda_0=(X_2X_3-31)\times 6°$$

$$\phi_0=(X_1-1)\times 4°$$

根据比例尺代码 X_4 可以确定其分幅的纬差 $\Delta\phi$ 和经差 $\Delta\lambda$，则该图西南图廓点的经纬度计算公式为

$$\lambda=\lambda_0+(X_8X_9X_{10}-1)\cdot\Delta\lambda$$

$$\phi=\phi_0+\left(\frac{4°}{\Delta\phi}-X_5X_6X_7\right)\cdot\Delta\phi$$

通过题目编号中的比例尺代码可知该地形图的比例尺为 1∶1 万，因此其图幅的纬差 $\Delta\phi=2'30''$，经差 $\Delta\lambda=3'45''$，该 1∶100 万比例尺地形图幅对应的西南图廓点的经纬度为

$$\lambda_0=(X_2X_3-31)\times 6°=(51-31)\times 6°=120°$$

$$\phi_0=(X_1-1)\times 4°=(8-1)\times 4°=28°$$

该 1∶1 万比例尺地形图图幅对应的西南图廓点的经纬度分别为

$$\lambda=\lambda_0+(X_8X_9X_{10}-1)\cdot\Delta\lambda=120°+(025-1)\times 3'45''=121°30'$$

$$\phi=\phi_0+\left(\frac{4°}{\Delta\phi}-X_5X_6X_7\right)\cdot\Delta\phi=28°+\left(\frac{4°}{2'30''}-018\right)\times 2'30''=31°15'$$

3.2.2　矩形分幅和编号

工程规划设计、施工及资源和工程管理所用 1∶500、1∶1 000 和小区域 1∶2 000、1∶5 000 大比例尺地形图，采用矩形分幅法，它是依比例尺由大到小逐级按统一的直角坐标格网划分成 4 幅。图幅大小如表 3.5 所示。

表 3.5　矩形分幅关系

地形图比例尺	图幅大小/cm	实际面积/km^2	1∶5 000 图幅包含数
1∶5 000	40×40	4	1
1∶2 000	50×50	1	4
1∶1 000	50×50	0.25	16
1∶500	50×50	0.062 5	64

采用矩形分幅时，图幅编号一般采用该幅图西南角坐标 x、y 的千米数编号。如图 3.8 所示，其西南角的坐标为 $x=32\,000$ m、$y=56\,000$ m，转换为以千米为单位，所以其编号为“32.0-56.0”。编号时，比例尺为 1∶500 地形图，坐标值取至 0.01 km，而 1∶1 000、1∶2 000 比例尺地形图取至 0.1 km。

对于面积较大的测区，应用户要求测绘有几种不同比例尺的地形图。为了便于地形图测绘、拼接、编绘、存档、管理与应用，地形图的编号通常以最小比例尺图为基础进行。

例如，某测区 1∶5 000 图幅编号为“32.0-56.0”，这个图号将作为该图幅中其他较大比例尺所有图幅的基本图号。如图 3.8 所示，在 1∶5 000 图号后缀加罗马数字Ⅰ、Ⅱ、Ⅲ、Ⅳ，就是 1∶2 000 图幅的编号，如甲图幅编号为“32-56-Ⅰ”。同样，在 1∶2 000 图幅编号后缀加Ⅰ、Ⅱ、Ⅲ、Ⅳ，就是 1∶1 000 图幅的编号，如乙图幅编号为“32-56-Ⅳ-Ⅱ”。在 1∶1 000 图幅编号后缀加Ⅰ、Ⅱ、Ⅲ、

Ⅳ，就是 1∶500 图幅的编号，如图 3.8 所示的丙图幅编号为“32-56-Ⅳ-Ⅲ-Ⅲ”。

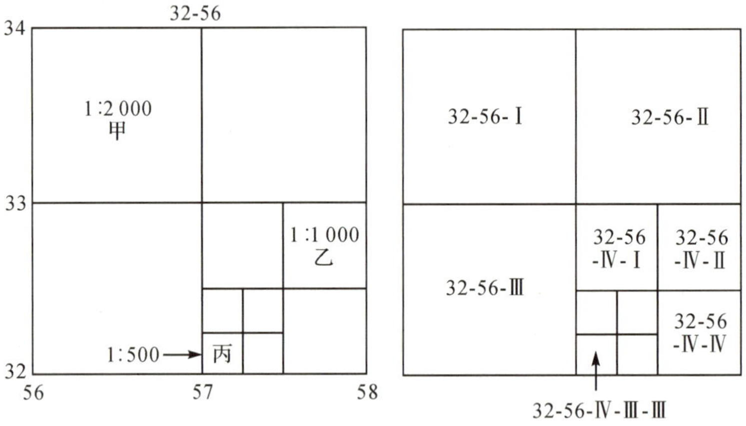

图 3.8　矩形分幅示例

§3.3　地形图的图廓元素

为了图纸管理、查找和使用方便，在地形图的图框（称为图廓）周边标注如图名、图号、接图表、坐标格网、三北方向线等，称为图廓元素。

3.3.1　图名与图号

图名为本幅图的名称。用本图内最著名的地名、村庄、厂矿、企业或最突出的地物、地貌等的名称来命名。图号即本幅图的编号，是根据统一的分幅进行编号的。图名、图号注记在图廓的上方中央。

图 3.8 采用的为图幅西南角坐标千米数编号法，该法是以图廓西南角坐标值的千米数作为该图幅的编号。如图 3.9 所示，图号为 56.0-32.0，根据图号可以知道该幅地形图西南角的坐标为（56 000，32 000）。

3.3.2　接图表

接图表用来说明本图幅与相邻图幅的关系，以便索取相邻图幅。接图表绘在图廓左上方。如图 3.9 所示，中间阴影格代表本图幅，其他分别注明相应的图名（或图号）代表相邻图幅，有的地形图还把相邻图幅的图号分别注在东、南、西、北图廓线中，进一步说明与四邻图幅的相互关系。

3.3.3　比例尺

在每幅图南图框外的中央均注有测图的数字比例尺，中、小比例尺地形图下方会绘出直线比例尺。

3.3.4　图廓与坐标格网

图廓有内、外图廓之分。内图廓是地形图分幅时的坐标格网或经纬线，是图幅的边界。外图廓是距内图廓 12 mm 的加粗平行线，仅起装饰作用。在内图廓内侧间隔图上 10 cm 绘有

5 mm 的短线，表示坐标格网线的位置；图幅内间隔 10 cm 绘有坐标格网线的交叉点，短线与交叉点的连线构成坐标格网。如图 3.9 所示的方格网为平面直角坐标格网，在内外图廓之间标有格网的坐标值(平面直角坐标或地理坐标)。

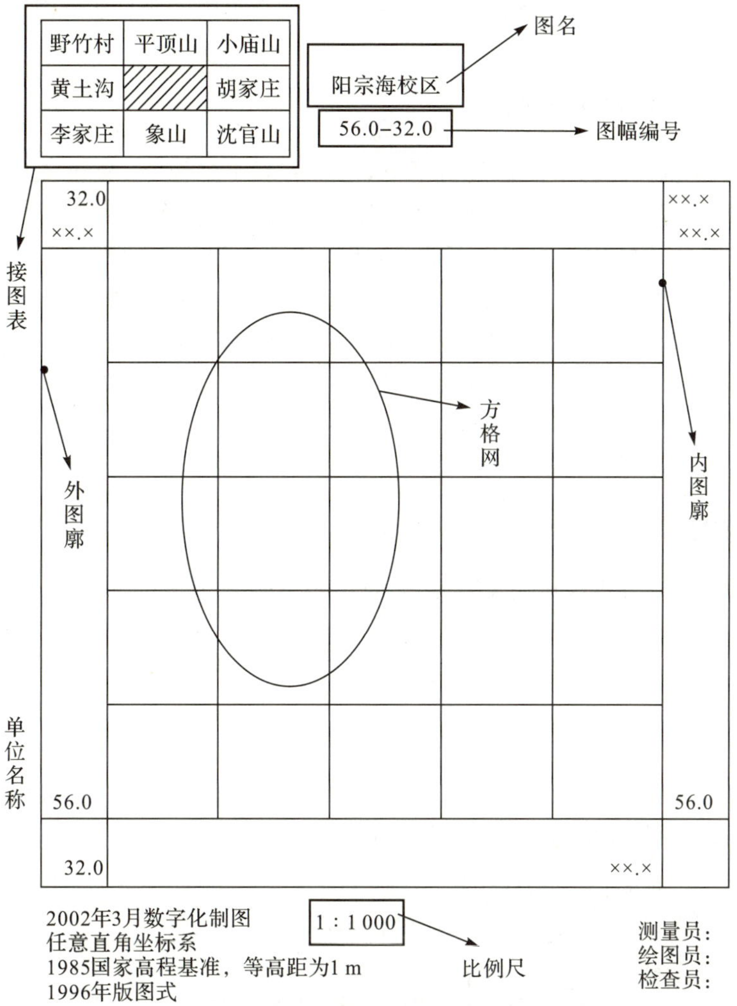

图 3.9　阳宗海校区

例 1　如图 3.9 所示，图幅编号采用的是图幅西南角坐标千米数编号法，为 56.0-32.0，比例尺为 1∶1 000，图幅为 50 cm×50 cm 的标准图幅。试问 A(56 432.765，32 109.243)是否在该图中。

解：找到图幅中点的坐标最大值和最小值，若 $x_{min} \leqslant x_A \leqslant x_{max}$，且 $y_{min} \leqslant y_A \leqslant y_{max}$，则 A 点必然在图幅中。

该图幅中坐标值最小的为西南角，坐标 $x_{min}=56\ 000$，$y_{min}=32\ 000$。

根据图幅和比例尺，可以计算出该图纵向坐标跨度为 50 cm×1 000=500 m，横向跨度为 50 cm×1 000=500 m，则本幅图中的点坐标最大值为东北角 $x_{max}=56\ 000+500=56\ 500$，$y_{max}=32\ 000+500=32\ 500$。

因为 A 点 x 坐标小于本幅图中的东北角的 x 坐标，所以 A 点在该幅图上。

例 2 有点 $B(56\,450,31\,400)$ 是否在图 3.9 中，如果不在，则所在图的图名是什么？

解：首先计算本图幅中坐标最小值和坐标最大值，坐标最小值出现在图廓西南角为(56 000,32 000)，坐标最大值出现在图廓东北角为(56 500,32 500)。

因为 B 点 y_B 坐标小于最小横坐标，所以 B 点不在本幅图中而是在本图幅的左侧，根据接图表显示图名应为黄土沟。

3.3.5 三北方向线关系图

在许多中、小比例尺图的南图廓线右下方，还绘有真子午线 N、磁子午线 N' 和纵坐标轴 X 这三者之间的角度关系图，称为三北方向线。由于地球的南北两极与地球的南北两磁极不重合，所以地面上同一点的真子午线方向与磁子午线方向是不一致的，两者间的水平夹角称为磁偏角，用 δ 表示。过同一点的真子午线方向与坐标纵轴方向的水平夹角称为子午线收敛角，用 γ 表示。以真子午线方向北端为基准，磁子午线和坐标纵轴方向偏于真子午线以东叫东偏，δ、γ 为正；偏于西侧叫西偏，δ、γ 为负。不同点的 δ、γ 值一般是不同的，如图 3.10 所示。

图 3.10 三北方向

3.3.6 坡度尺

坡度尺绘在南图廓外直线比例尺的左边，是一种在地形图上量测地面坡度和倾角的图解工具。如图 3.11 所示，坡度尺的底线下注有两行数字，上行表示地面倾角 α，下行是对应的地面坡度 i，若等高距为 h，相邻等高线间平距为 d，M 为比例尺分母，则

$$i=\tan\alpha=\frac{h}{d\cdot M}$$

使用坡度尺时，用分规卡出图上相邻等高线的平距后，以分规的一针尖对准坡度尺底线，另一针尖对准曲线，即可读出地面坡度 i 和地面倾角 α。

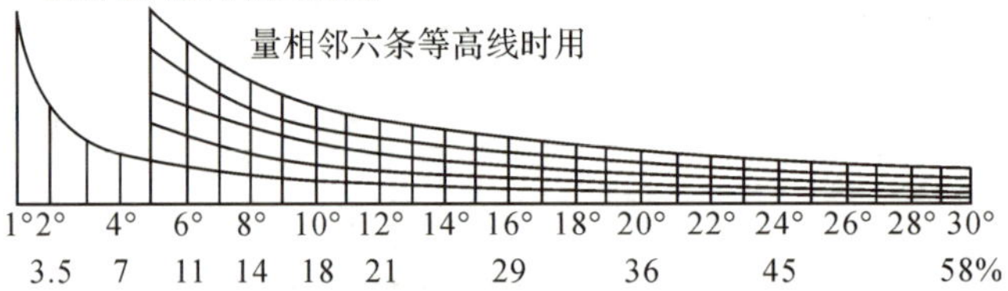

图 3.11 坡度尺

3.3.7 投影方式、坐标系统、高程系统

地形图测绘完成后，在外图廓左下方注明本图的投影方式（正射投影）、坐标系统（如国家大地坐标、城市平面直角坐标、独立平面直角坐标等）、高程系统（1985 国家高程基准、相对高程系统等），如图 3.12 所示。

3.3.8 成图方法

在地形图外图廓左下方注明成图方法（航测成图、平板仪测量成图、野外数字成图等）。

此外，还应在地形图外图廓右下方标注测绘单位、成图日期等，供日后用图参考。

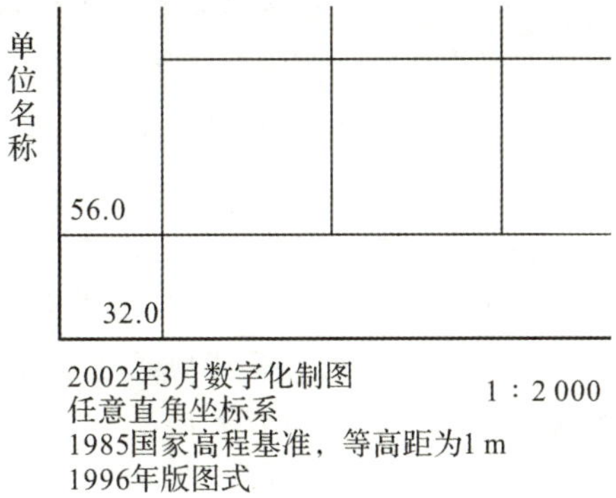

图 3.12　图廓文字示例

课程思政拓展阅读

材料 1: 国家基本比例尺地形图是基础测绘成果的主要表现形式之一，涵盖了从 1∶500 到 1∶100 万在内的 11 种比例尺地形图，在各行各业中得到了广泛利用。地形图的平面坐标和高程精度高，同时登载的地理信息很多是涉密的。涉密的地图和地理信息关系国家安全。

涉密地图的公开或泄露，将会产生不同程度的危害。

作为公民，必须保守国家秘密，窃取、刺探、收买、非法提供国家秘密的行为属于危害国家安全的行为。

我国与测绘成果保密有关的法律有《中华人民共和国宪法》《中华人民共和国国家安全法》《中华人民共和国保守国家秘密法》《中华人民共和国测绘法》等，部门规章有《测绘地理信息管理工作国家秘密范围的规定》等。

《中华人民共和国宪法》第五十三条规定：中华人民共和国公民必须遵守宪法和法律，保守国家秘密，爱护公共财产，遵守劳动纪律，遵守公共秩序，尊重社会公德。

《中华人民共和国国家安全法》第十一条规定：中华人民共和国公民、一切国家机关和武装力量、各政党和各人民团体、企业事业组织和其他社会组织，都有维护国家安全的责任和义务。

《中华人民共和国保守国家秘密法》第十四条规定：国家秘密的密级分为绝密、机密、秘密三级。绝密级国家秘密是最重要的国家秘密，泄露会使国家安全和利益遭受特别严重的损害；机密级国家秘密是重要的国家秘密，泄露会使国家安全和利益遭受严重的损害；秘密级国家秘密是一般的国家秘密，泄露会使国家安全和利益遭受损害。

材料 2: 2020 年自然资源部、国家保密局联合印发的《测绘地理信息管理工作国家秘密范围的规定》见下。

测绘地理信息管理工作国家秘密范围的规定

第一条　根据《中华人民共和国保守国家秘密法》和《中华人民共和国测绘法》有关规定，制定本规定。

第二条　测绘地理信息管理工作国家秘密包括：

(一)绝密级事项

1. 泄露后会对国家安全、利益和领土主权及海洋权益造成特别严重威胁或者损害的;

2. 泄露后会对国家重要军事设施、国家安全警卫目标造成特别严重威胁或者损害的;

3. 泄露后会对国家整体军事防御能力造成特别严重威胁或者损害的。

(二)机密级事项

1. 泄露后会对国家安全、利益和领土主权及海洋权益造成严重威胁或者损害的;

2. 泄露后会对国家重要军事设施、国家安全警卫目标造成严重威胁或者损害的;

3. 泄露后会对国家整体军事防御能力造成严重威胁或者损害的;

4. 泄露后会对社会稳定和民族团结造成严重损害的。

(三)秘密级事项

1. 泄露后会对国家安全、利益和领土主权及海洋权益造成威胁或者损害的;

2. 泄露后会对国家重要军事设施、国家安全警卫目标造成威胁或者损害的;

3. 泄露后会对国家局部军事防御能力造成损害的;

4. 泄露后会对国家测绘地理信息核心技术水平、知识产权保护造成损害的;

5. 泄露后会对社会稳定和民族团结造成损害的。

第三条　测绘地理信息管理工作中涉及其他部门或者行业的国家秘密,应当按照相关国家秘密范围的规定定密。

第四条　本规定由自然资源部和国家保密局负责解释。

第五条　本规定自2020年7月1日起施行。2003年12月23日国家测绘局、国家保密局联合印发的《关于印发〈测绘管理工作国家秘密范围的规定〉的通知》(国测办字〔2003〕17号)同时废止。

附件:测绘地理信息管理工作国家秘密目录

附件

测绘地理信息管理工作国家秘密目录

序号	国家秘密事项名称	密级	保密期限	知悉范围	备注
1	略				
2	2000国家大地坐标系、1954年北京坐标系、1980西安坐标系之间的相互转换参数;国家大地坐标系与相对独立的平面坐标系统之间相互转换精度优于±10厘米的转换参数	机密	长期	省级以上自然资源主管部门批准的测绘成果保管单位及用户;战区、军兵种以上军队测绘部门批准的军事测绘成果保管单位及用户	
3	国家认定的地理信息保密处理技术算法及参数	机密	长期	自然资源部批准的测绘成果保管单位	
4	略				
5	分辨率高于$5'\times5'$,精度优于±5毫伽的重力异常成果;精度优于±3″的垂线偏差成果	机密	长期	省级以上自然资源主管部门批准的测绘成果保管单位及用户;战区、军兵种以上军队测绘部门批准的军事测绘成果保管单位及用户	

续表

序号	国家秘密事项名称	密级	保密期限	知悉范围	备注
6	1∶2.5 万、1∶5 万国家基本比例尺地形图(模拟产品)及其全要素数字化成果	机密	长期	省级以上自然资源主管部门批准的测绘成果保管单位及用户;战区、军兵种以上军队测绘部门批准的军事测绘成果保管单位及用户	
7	军事禁区大于或等于 1∶1 万的国家基本比例尺地形图(模拟产品)及其全要素数字化成果	机密	长期	省级以上自然资源主管部门批准的测绘成果保管单位及用户;战区、军兵种以上军队测绘部门批准的军事测绘成果保管单位及用户	
8	军事禁区平面精度优于(含)10 米的正射影像;军事禁区和军事管理区(不含作战指挥工程和重要军事设施区域)以及国家安全要害部门所在地标注有敏感地理实体属性信息的遥感影像	机密	长期	省级以上自然资源主管部门批准的测绘成果保管单位及用户;战区、军兵种以上军队测绘部门批准的军事测绘成果保管单位及用户;战区、军兵种以上军事设施建设部门批准的军用土地测绘成果保管单位及用户	
9	军事禁区平面精度优于(含)10 米或高程精度优于(含)15 米的数字高程模型和数字表面模型成果	机密	长期	省级以上自然资源主管部门批准的测绘成果保管单位及用户;战区、军兵种以上军队测绘部门批准的军事测绘成果保管单位及用户;战区、军兵种以上军事设施建设部门批准的军用土地测绘成果保管单位及用户	
10	军事禁区平面精度优于(含)10 米或地物高度相对量测精度优于(含)5%的三维模型、点云、倾斜影像、实景影像、导航电子地图等实测成果	机密	长期	省级以上自然资源主管部门批准的测绘成果保管单位及用户;战区、军兵种以上军队测绘部门批准的军事测绘成果保管单位及用户;战区、军兵种以上军事设施建设部门批准的军用土地测绘成果保管单位及用户	
11	体现和表明我国政府立场与主张的敏感、争议地区测绘地理信息成果,以及泄露后会对国家利益、社会稳定和民族团结造成重大影响的重要地理信息数据	机密	公布前	有关领导、相关部门及承办人员	
12	与上述机密级条款涉及的要素、空间精度和范围相当的其他测绘地理信息成果	机密	长期	省级以上自然资源主管部门批准的测绘成果保管单位及用户;战区、军兵种以上军队测绘部门批准的军事测绘成果保管单位及用户;战区、军兵种以上军事设施建设部门批准的军用土地测绘成果保管单位及用户	
13	略				

续表

序号	国家秘密事项名称	密级	保密期限	知悉范围	备注
14	构成环线且覆盖范围大于 2500 平方千米或线路长度超过 1000 千米的国家等级水准网成果	秘密	长期	县级以上自然资源主管部门批准的测绘成果保管单位及用户；战区、军兵种以上军队测绘部门批准的军事测绘成果保管单位及用户	
15	军事禁区（不含作战指挥工程和重要军事设施区域）内卫星导航定位基准站观测数据；军事禁区以外卫星导航定位基准站坐标、基准站网观测数据	秘密	长期	县级以上自然资源主管部门批准的测绘成果保管单位及用户；战区、军兵种以上军队测绘部门批准的军事测绘成果保管单位及用户	
16	军事禁区和军事管理区以外带有名称、属性、位置等信息的国家等级控制点的坐标成果，国家等级重力控制点成果、重力加密点成果及其观测数据，国家等级全球导航卫星系统（GNSS）大地控制点、天文、三角、导线的观测成果	秘密	长期	县级以上自然资源主管部门批准的测绘成果保管单位及用户；战区、军兵种以上军队测绘部门批准的军事测绘成果保管单位及用户	GNSS 大地控制点不含卫星导航定位基准站站点
17	分辨率在 5′×5′至 30′×30′，精度在±5 毫伽至±7 毫伽的重力异常成果；精度优于±0.2 米的高程异常成果；精度在±3″至±6″的垂线偏差成果	秘密	长期	县级以上自然资源主管部门批准的测绘成果保管单位及用户；战区、军兵种以上军队测绘部门批准的军事测绘成果保管单位及用户	
18	军事禁区以外 1∶1 万、1∶5 千国家基本比例尺地形图（模拟产品）及其全要素数字化成果；军事禁区以外连续覆盖范围超过 25 平方千米的大于 1∶5 千的国家基本比例尺地形图（模拟产品）及其全要素数字化成果	秘密	长期	县级以上自然资源主管部门批准的测绘成果保管单位及用户；战区、军兵种以上军队测绘部门批准的军事测绘成果保管单位及用户	
19	含有国家法律法规、部门规章及其他规定禁止公开内容的水系、交通、居民地及设施、管线等分要素测绘地理信息专题成果	秘密	长期	县级以上自然资源主管部门批准的测绘成果保管单位及用户；战区、军兵种以上军队测绘部门批准的军事测绘成果保管单位及用户	
20	优于（含）20 米等高距的等高线，以及与其精度相当的高程注记点	秘密	长期	县级以上自然资源主管部门批准的测绘成果保管单位及用户；战区、军兵种以上军队测绘部门批准的军事测绘成果保管单位及用户	

续表

序号	国家秘密事项名称	密级	保密期限	知悉范围	备注
21	军事禁区以及国家安全要害部门所在地地面分辨率优于 0.5 米的航摄影像	秘密	长期	县级以上自然资源主管部门批准的测绘成果保管单位及用户;战区、军兵种以上军队测绘部门批准的军事测绘成果保管单位及用户;战区、军兵种以上军事设施建设部门批准的军用土地测绘成果保管单位及用户	
22	军事禁区以外平面精度优于 10 米或者地面分辨率优于 0.5 米且连续覆盖范围超过 25 平方千米的正射影像	秘密	长期	县级以上自然资源主管部门批准的测绘成果保管单位及用户;战区、军兵种以上军队测绘部门批准的军事测绘成果保管单位及用户;战区、军兵种以上军事设施建设部门批准的军用土地测绘成果保管单位及用户	
23	军事禁区以外平面精度优于(含)10 米或高程精度优于(含)15 米且连续覆盖范围超过 25 平方千米的数字高程模型和数字表面模型成果	秘密	长期	县级以上自然资源主管部门批准的测绘成果保管单位及用户;战区、军兵种以上军队测绘部门批准的军事测绘成果保管单位及用户;战区、军兵种以上军事设施建设部门批准的军用土地测绘成果保管单位及用户	
24	军事禁区以外平面精度优于(含)10 米或地物高度相对量测精度优于(含)5% 且连续覆盖范围超过 25 平方千米的三维模型、点云、倾斜影像、实景影像、导航电子地图等实测成果	秘密	长期	县级以上自然资源主管部门批准的测绘成果保管单位及用户;战区、军兵种以上军队测绘部门批准的军事测绘成果保管单位及用户;战区、军兵种以上军事设施建设部门批准的军用土地测绘成果保管单位及用户	
25	涉及军事、国家安全要害部门的点位名称及坐标;与军事、国家安全相关的国民经济重要设施精度优于(含)±10 米的点位坐标及其名称属性	秘密	长期	县级以上自然资源主管部门批准的测绘成果保管单位及用户;战区、军兵种以上军队测绘部门批准的军事测绘成果保管单位及用户;战区、军兵种以上军事设施建设部门批准的军用土地测绘成果保管单位及用户	
26	与上述秘密级条款涉及的要素、空间精度和范围相当的其他测绘地理信息成果	秘密	长期	县级以上自然资源主管部门批准的测绘成果保管单位及用户;战区、军兵种以上军队测绘部门批准的军事测绘成果保管单位及用户;战区、军兵种以上军事设施建设部门批准的军用土地测绘成果保管单位及用户	

注:1. 测绘地理信息管理工作国家秘密事项由从事测绘地理信息活动的测绘资质单位、军队测绘部门(单位)产生。上述单位应当严格根据本目录规定对有关测绘地理信息成果进行标密并采取相应保密管理措施,不再申请定密授权。

2. 本规定发布前生产的 1∶10 万、1∶25 万、1∶50 万国家基本比例尺地形图解密、销毁或者公开前,应当履行相关审批程序。

3. 本规定第 12 项、第 26 项中“其他测绘地理信息成果”的定密标准和管理范围,由自然资源部会同国家保密局,商军委联合参谋部共同确定。

结语

我们要认真学习中国特色社会主义法治理论，坚持走中国特色社会主义法治道路，树立宪法法律至上的理念，遵守法律法规，知法、懂法、守法、护法，始终对宪法法律怀有敬畏之心，牢固确立法律红线不能触碰、法律底线不能逾越的观念，敢于揭露和反映一切破坏国家安全的违法行为。在全面依法治国背景下，我们要坚决拿起法律武器维护国家安全，努力实现高质量发展和高水平安全的良性互动。社会主义法治强国的建设需要我们每个人共同努力，共同建设。

习近平强调，一个现代化国家必然是法治国家。法治思维是现代化治理的基本思维，是依法治国的精神内核，也是新形势下做好国家安全工作的重要素养。

习近平强调"保证国家安全是头等大事"。中国共产党的十九届六中全会通过的《中共中央关于党的百年奋斗重大成就和历史经验的决议》中提出的"统筹发展和安全，统筹开放和安全，统筹传统安全和非传统安全，统筹自身安全和共同安全，统筹维护国家安全和塑造国家安全"（"五个统筹"）是对总体国家安全观的进一步丰富和发展，为做好新时代国家安全工作指明了方向，提供了遵循。

中共二十大报告中强调，推进国家安全体系和能力现代化，坚决维护国家安全和社会稳定。国家安全是民族复兴的根基，社会稳定是国家强盛的前提。必须坚定不移贯彻总体国家安全观，把维护国家安全贯穿党和国家工作各方面全过程，确保国家安全和社会稳定。要坚持以人民安全为宗旨、以政治安全为根本、以经济安全为基础、以军事科技文化社会安全为保障、以促进国际安全为依托，统筹外部安全和内部安全、国土安全和国民安全、传统安全和非传统安全、自身安全和共同安全，统筹维护和塑造国家安全，夯实国家安全和社会稳定基层基础，完善参与全球安全治理机制，建设更高水平的平安中国，以新安全格局保障新发展格局。

维护国家安全，人人有责。

综合练习题 3

1. 1∶500 的比例尺精度为(　　)。

A. 0.1 mm　　B. 1 mm　　C. 0.05 m　　D. 0.5 m

2. 1∶5 000 的比例尺精度为(　　)。

A. 0.1 mm　　B. 1 mm　　C. 5 m　　D. 50 cm

3. 1∶2 000 的比例尺精度为(　　)。

A. 0.1 mm　　B. 1 mm　　C. 0.2 m　　D. 20 m

4. 1∶1 000 的比例尺精度为(　　)。

A. 0.1 mm　　B. 1 mm　　C. 1 m　　D. 0.1 m

5. 在 1∶2 000 地形图上，量得某直线的图上距离为 18.17 cm，则实地长度为(　　)。

A. 363.4 m　　B. 363.4 cm　　C. 181.7 m　　D. 181.7 cm

6. 在 1∶500 地形图上，量得某直线的图上距离为 6.3 cm，则实地长度为(　　)。

A. 31.5 m　　B. 31.5 cm　　C. 3.15 m　　D. 6.3 cm

7. 两点的实地平距为 163 m，则在 1∶1 000 地形图上的图上距离为(　　)。

A. 16.3 m　　B. 16.3 cm　　C. 160.3 cm　　D. 以上答案都不对

8. 两点实地距离 2 000 m，图上距离为 8 cm，该地形图的比例尺为(　　)。

A. 1∶2 500　　B. 1∶25 万

C. 1∶2.5 万　　D. 图上 1 cm 代表实地距离 2 500 m

9. 所谓大比例尺，即(　　)。

A. 比例尺分母大，同等图幅大小表示地面范围较大

B. 比例尺分母小，同等图幅大小表示地面范围较大

C. 比例尺分母小，同等图幅大小表示地面范围较小

D. 同等图幅大小表示地面范围大小与比例尺无关

10. 我国基本比例尺地形图的分幅是以(　　)比例尺地形图为基础，按规定的经差和纬差划分图幅。

A. 1∶500　　B. 1∶1 万　　C. 1∶10 万　　D. 1∶100 万

11. 下面 4 幅图中显示的比例尺为图示比例尺的为(　　)。

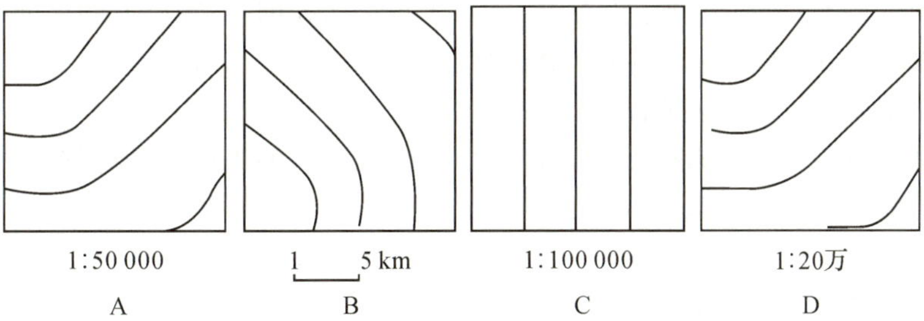

12. 下图中的比例尺为(　　)。

A. 图示比例尺　　B. 数字比例尺　　C. 符号比例尺　　D. 注记比例尺

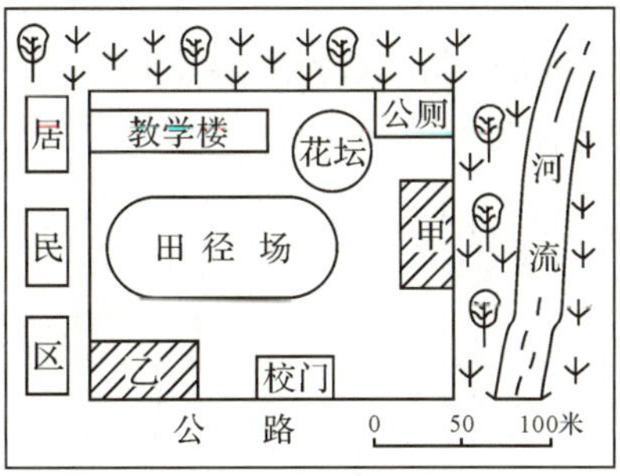

13. 表示某一方向地面高低起伏变化的图，称为(　　)。

A. 平面图　　B. 专题地图　　C. 地貌图　　D. 地形图

14. 我国 1∶2 000 基本比例尺地形图采用(　　)分幅方法。

A. 矩形　　B. 梯形　　C. 正方形　　D. 扇形

15. 新的图幅编号方式，图幅号总共有(　　)位。

A. 10　　B. 9　　C. 8　　D. 7

16. 新的图幅编号方式中，表示该图所在的 1∶100 万图的图幅号是(　　)。

A. 第 1～2 位　　B. 第 1～3 位　　C. 第 2 位　　D. 第 3 位

17. 新的图幅编号方式中，第 1～3 位表示的是(　　)。
A. 该图所在的 1∶100 万图的图幅号　B. 该图的比例尺
C. 该图所在的 1∶100 万图中的行号　D. 该图所在的 1∶100 万图中的列号
18. 新的图幅编号方式中，表示该图比例尺代码的是(　　)。
A. 第 1～2 位　B. 第 4 位　C. 第 2 位　D. 第 3 位
19. 新的图幅编号方式中，第 4 位表示是(　　)。
A. 该图所在的 1∶100 万图的图幅号　B. 该图的比例尺
C. 该图所在的 1∶100 万图中的行号　D. 该图所在的 1∶100 万图中的列号
20. 新的图幅编号方式中，表示该图所在的 1∶100 万图中的行号是(　　)。
A. 第 1～3 位　B. 第 4 位　C. 第 5～7 位　D. 第 8～10 位
21. 新的图幅编号方式中，表示该图所在的 1∶100 万图中的列号是(　　)。
A. 第 1～3 位　B. 第 4 位　C. 第 4～7 位　D. 第 8～10 位
22. 新的图幅编号方式中，第 5～7 位表示的是(　　)。
A. 该图所在的 1∶100 万图的图幅号　B. 该图的比例尺
C. 该图所在的 1∶100 万图中的行号　D. 该图所在的 1∶100 万图中的列号
23. 新的图幅编号方式中，第 8～10 位表示的是(　　)。
A. 该图所在的 1∶100 万图的图幅号　B. 该图的比例尺
C. 该图所在的 1∶100 万图中的行号　D. 该图所在的 1∶100 万图中的列号
24. 下列新图幅编号正确的是(　　)。
A. I48B003002　B. H48B001002　C. I47C003005　D. I47F050005
25. 下列新图幅编号正确的是(　　)。
A. I4B002002　B. H48A001002　C. H44C003001　D. I4F0005005
26. 东经 102°36′11″，北纬 24°41′23″，计算该点所在的 1∶10 万、1∶2.5 万比例尺地形图的图幅编号(新编号方式)。
27. 某地形图图幅编号为 I48G015007，求该图的图幅范围。
28. 如下图所示，该图的西南点坐标为(　　)。

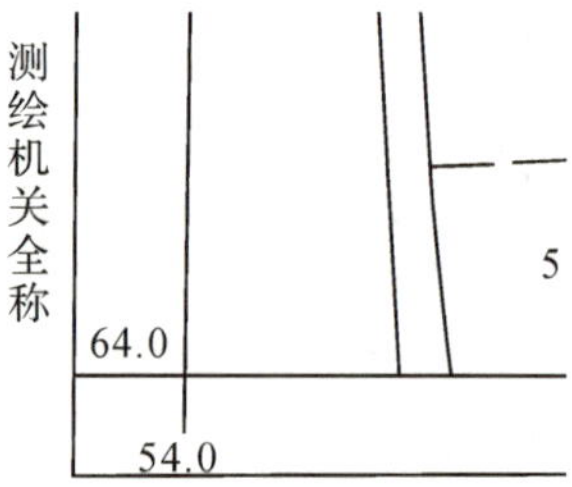

A. (64.0，54.0)　B. (54.0，64.0)
C. (64 000.000，54 000.000)　D. (54 000.000，64 000.000)

29. 读图后完成下列填空。

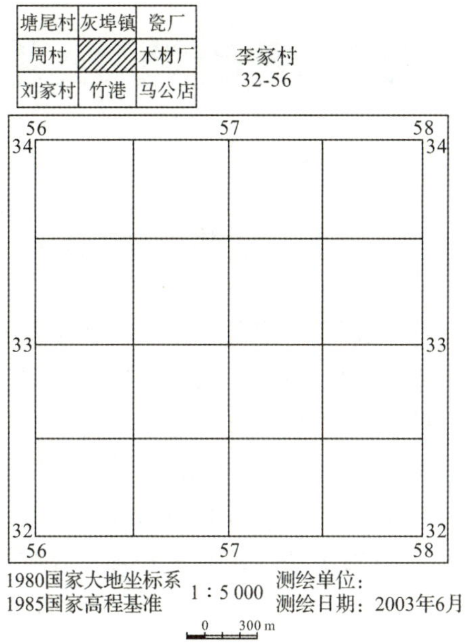

(1)此地形图的图名为______,图号为______,比例尺为______,选用的坐标系和高程系分别为______、______。

(2)该幅图中,最小坐标值为______。

(3)该幅图显示了两种形式的比例尺,这两种形式分别为______、______。

(4)该图的图幅大小为______。

(5)坐标北方向上与此图接图的图幅名称为______。

(6)按照该图的图号编排方式,坐标北方向上与该图接图的图幅号为______。

(7)A(32 300. 193,56 010. 431),该点______(在不在)此幅图内。

(8)B(32 300. 783,55 910. 261),该点______(在不在)此幅图内,如果不在,请写出所在图幅的图名和图幅号。图名为______,图号为______。

30. 已知某地形图图幅为 50 cm×40 cm,比例尺为 1∶500,图幅中最小坐标值为(3 200. 000,4 300. 000),则图中点的坐标最大值为(　　)。

A. (3 400. 000,4 500. 000)　　B. (3 450. 000,4 550. 000)

C. (3 400. 000,4 550. 000)　　D. (3 450. 000,4 500. 000)

31. 已知某地形图图幅为 50 cm×40 cm,比例尺为 1∶2 000,图幅中最小坐标值为(3 400. 000,4 300. 000),则图中点的坐标最大值为(　　)。

A. (4 400. 000,5 300. 000)　　B. (4 200. 000,5 100. 000)

C. (4 400. 000,5 100. 000)　　D. (4 200. 000,5 300. 000)

32. 接图表的作用为(　　)。

A. 表示本图的边界线或范围　　B. 表示本图的代号

C. 表示本图幅与其他图幅的位置关系　　D. 都不是

33. (　　)注记不是地形图注记。

A. 说明　　B. 名称　　C. 比例尺　　D. 数字

第4章　地形图的地物、地貌表示

§4.1　地形图图式

为便于测图和用图，在地形图上用各种点位、符号、文字等表示实地的地物和地貌，这些线条和符号等统一代表地形图上所有的地形要素，总称为“地形图图式”。现行使用的大比例尺地形图图式由国家测绘地理信息局统一制定，如 2018 年 5 月 1 日实施的《国家基本比例尺地图图式　第 1 部分：1∶500　1∶1 000　1∶2 000 地形图图式》(GB/T 20257.1—2017)，简称《图式》。《图式》标准适用于国民经济建设各部门，是测绘、规划、设计、施工、管理、科研和教育等部门使用地形图的重要依据。规定了地形图中各种地物、地貌要素的符号、注记和整饰标准，以及使用符号的原则、方法和要求。表 4.1 为从《图式》中摘录的一些 1∶500、1∶1 000 和 1∶2 000 比例尺常用的地形图式。

表 4.1　地物符号实例

符号名称	符号式样			符号名称	符号式样		
	1∶500	1∶1 000	1∶2 000		1∶500	1∶1 000	1∶2 000
三角点 a. 土堆上的 张湾岭、黄土岗——点名 156.718、203.623——高程 5.0——比高	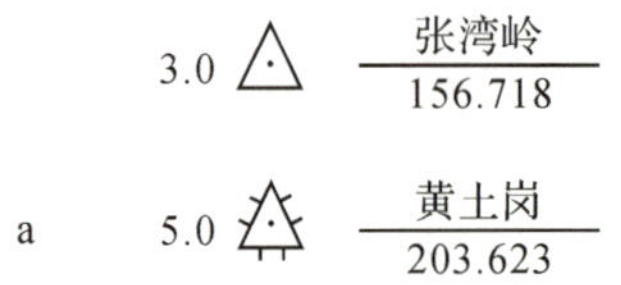			干涸湖	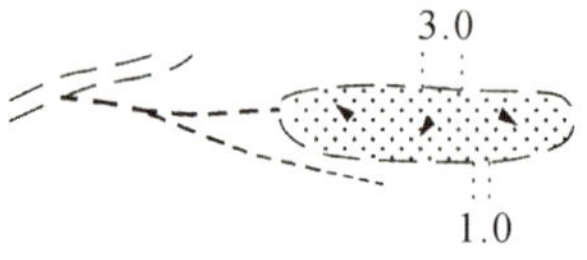		
小三角点 a. 土堆上的 摩天岭、张庄——点名 294.91、156.71——高程 4.0——比高	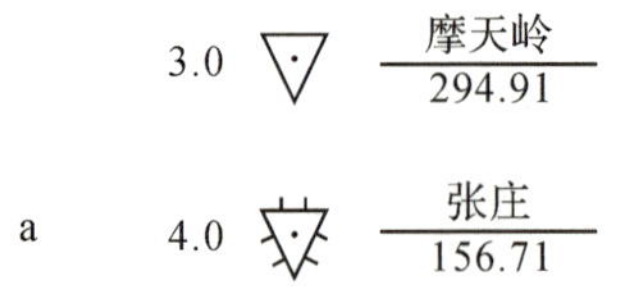			泉(矿泉、温泉、毒泉、间流泉、地热泉) 51.2——泉口高程 温——泉水性质			
导线点 a. 土堆上的 I16、I23——等级、点号 84.46、94.40——高程 2.4——比高	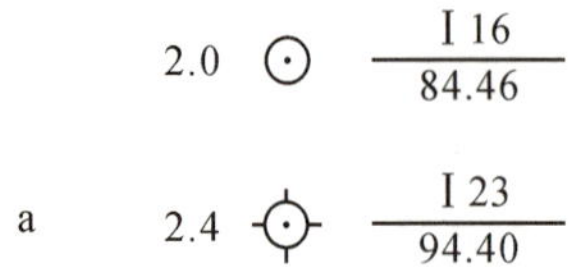			水井、机井 a. 依比例尺的 b. 不依比例尺的 51.2——井口高程 5.2——井口至水面深度 咸——水质	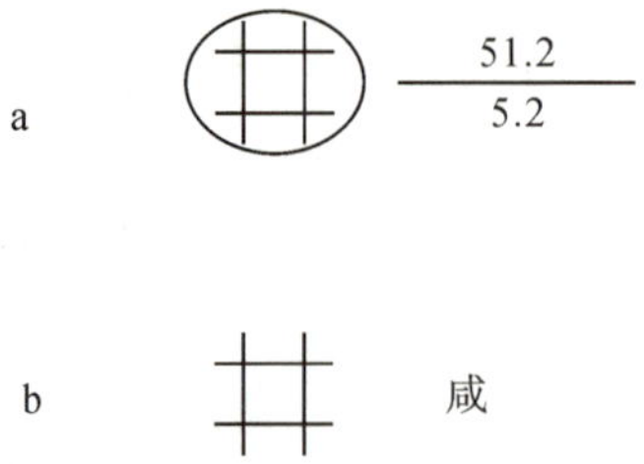		

续表

符号名称	符号式样 1∶500	符号式样 1∶1 000	符号式样 1∶2 000
埋石图根点 a. 土堆上的 12、16——点号 275.46、175.64——高程 2.5——比高	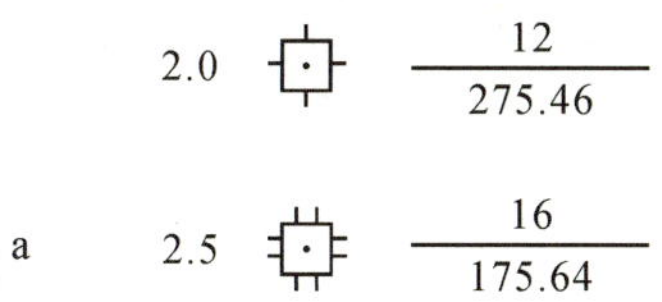		
水准点 Ⅱ——等级 京石 5——点名点号 32.805——高程	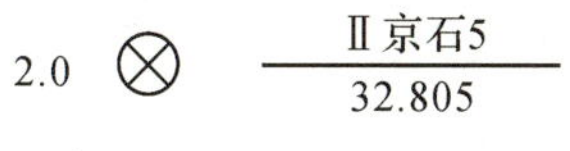		
卫星定位连续运行站点 14——点号 495.266——高程	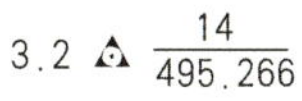		
通信营业厅			
邮局			
屋顶设施 a. 直升飞机停机坪 b. 游泳池 c. 花园 d. 运动场 e. 健身设施 f. 停车场 g. 光能电池板	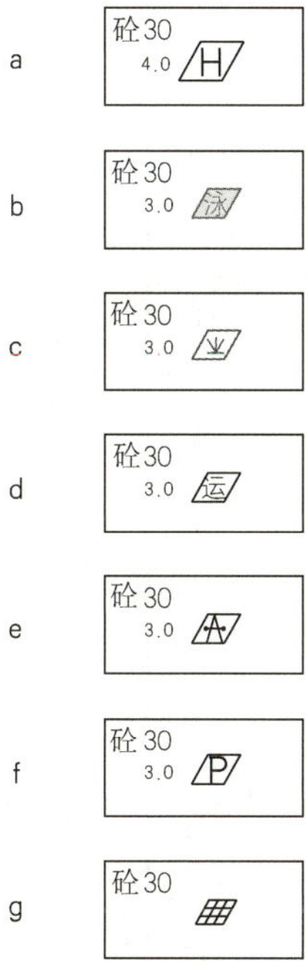		
自动取款机 a. 依比例尺的 b. 不依比例尺的	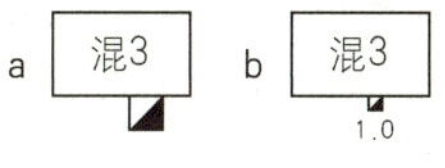		

符号名称	符号式样 1∶500	符号式样 1∶1 000	符号式样 1∶2 000
地下建筑物出入口 a. 出入口标识 b. 敞开式的 c. 有雨棚的 d. 屋式的 e. 不依比例尺的	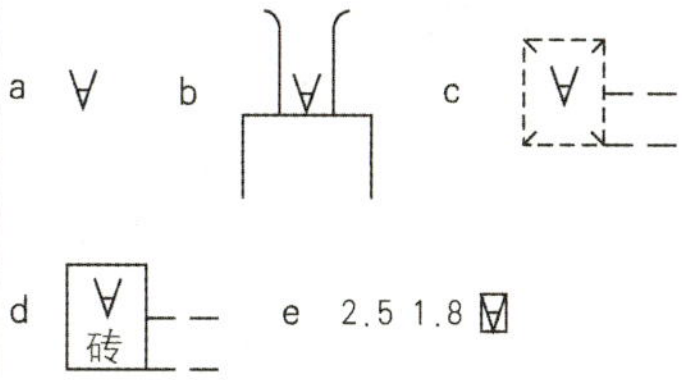		
地下建筑物通风口 a. 地下室的天窗 b. 其他通风口	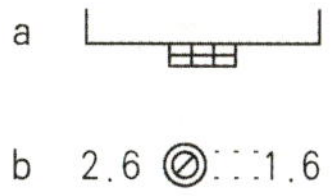		
柱廊 a. 无墙壁的 b. 一边有墙壁的	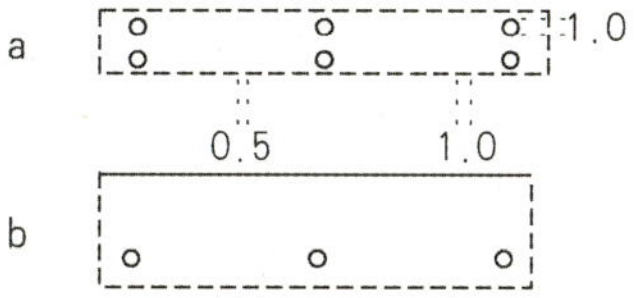		
门顶、雨罩 a. 门顶 b. 雨罩	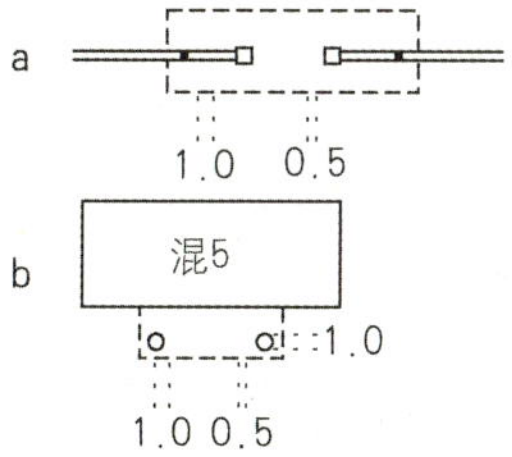		
建筑物前汽车坡道、无障碍通道	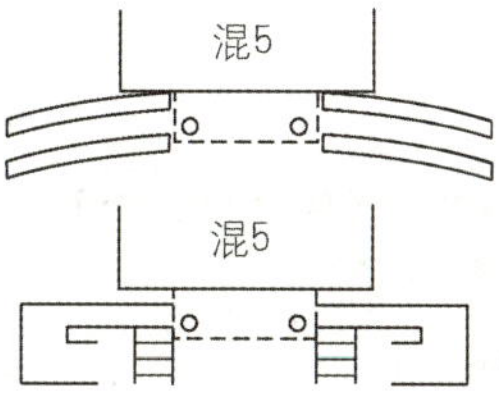		
停车场 a. 停车楼 3——停车楼层数 b. 露天停车场	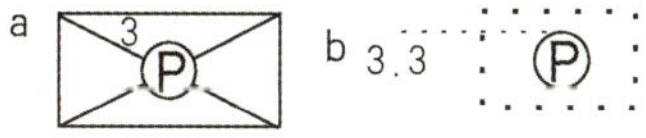		
棚房 a. 四边有墙的 b. 一边有墙的 c. 无墙的	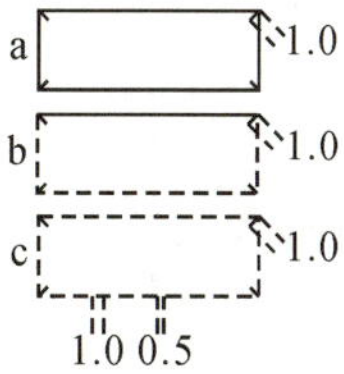		
破坏房屋	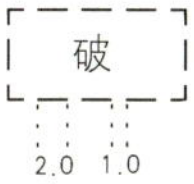		

续表

符号名称	符号式样 1∶500	符号式样 1∶1 000	符号式样 1∶2 000	符号名称	符号式样 1∶500	符号式样 1∶1 000	符号式样 1∶2 000
卫星定位等级点 B——等级 14——点号 495.263——高程				建筑中房屋			
时令湖 (8)——有水月份	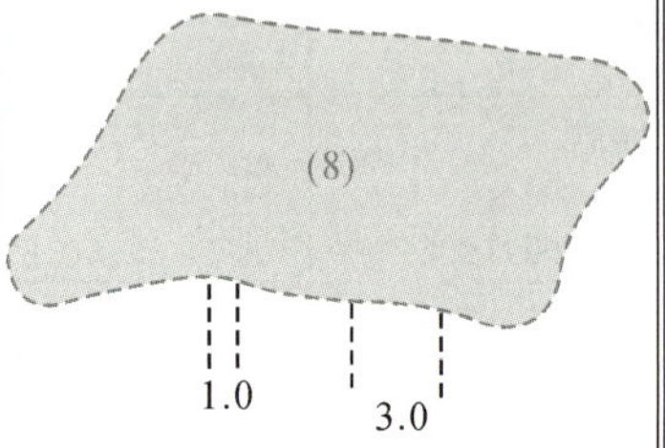			架空房、吊脚楼 4——楼层 3——架空楼层 /1、/2——空层层数	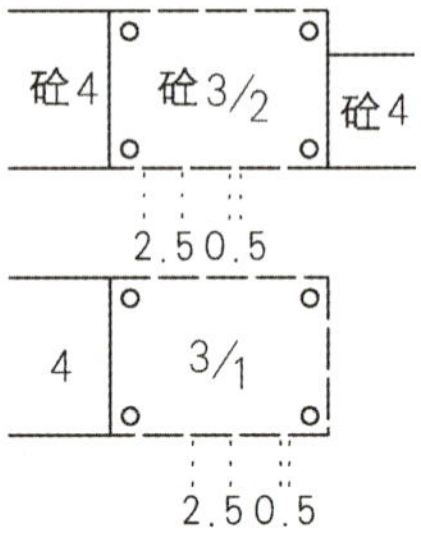		
水库 a. 毛湾水库——水库名称 b. 溢洪道 54.7——溢洪道堰底面高程 c. 泄洪洞口、出水口 d. 拦水坝、堤坝 d1. 拦水坝 d2. 堤坝 水泥——建筑材料 75.2——坝顶高程 59——坝长(m) e. 建筑中水库	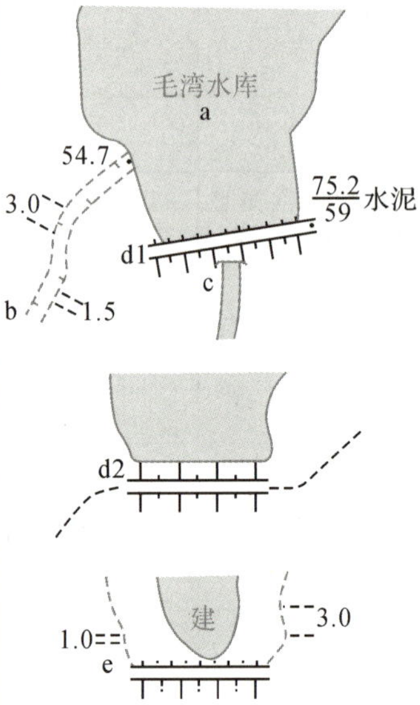			单幢房屋 a. 一般房屋 b. 裙楼 b1. 楼层分割线 c. 有地下室的房屋 d. 简易房屋 e. 突出房屋 f. 艺术建筑 混、钢——房屋结构 2、3、8、28——房屋层数 (65.2)建筑高度 －1——地下房屋层数	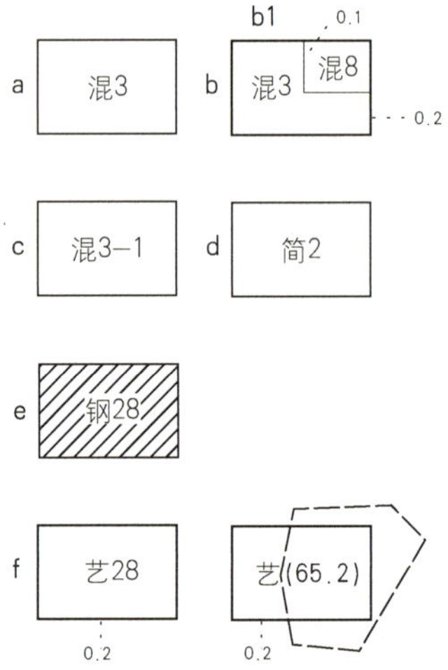		
廊房(骑楼)、飘楼 a. 廊房 b. 飘楼	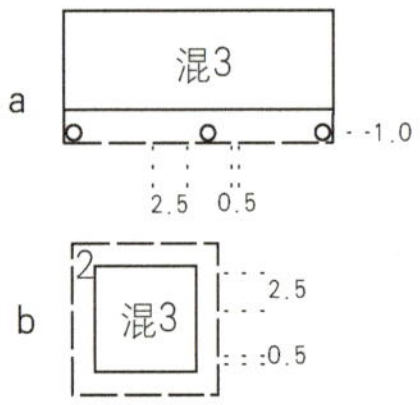			不埋石图根点 19——点号 84.47——高程	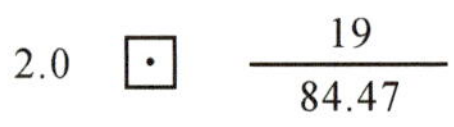		
				地热井			

续表

符号名称	符号式样 1∶500	符号式样 1∶1 000	符号式样 1∶2 000
窑洞 a. 地面上的 a1. 依比例尺的 a2. 不依比例尺的 a3. 房屋式的窑洞 b. 地面下的 b1. 依比例尺的 b2. 不依比例尺的	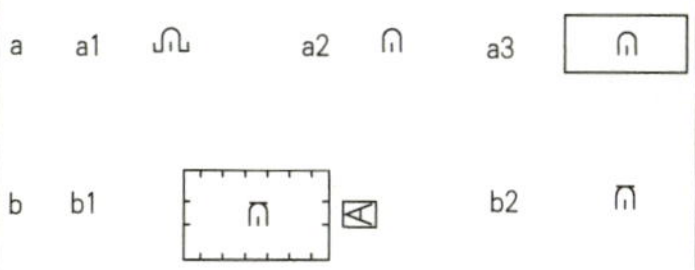		
陡岸 a. 有滩陡岸 a1. 土质的 a2. 石质的 2.2、3.8——比高 b. 无滩陡岸 b1. 土质的 b2. 石质的 2.7、3.1——比高	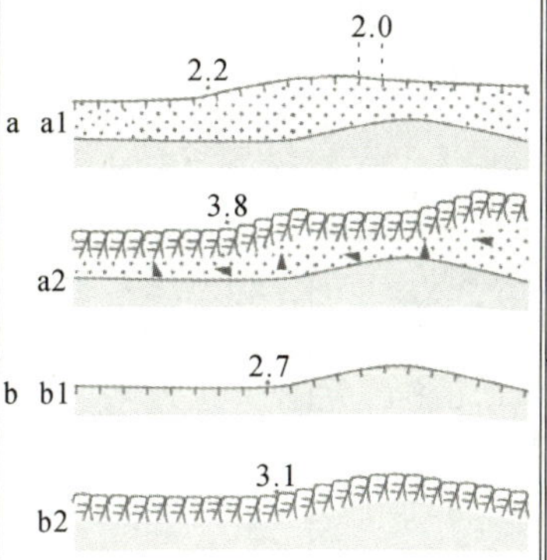		
积肥池 a. 依比例尺的 b. 不依比例尺的	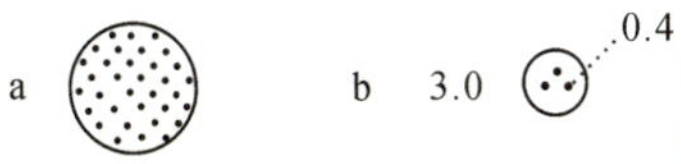		
宾馆、饭店	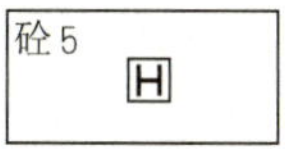		
商场、超市	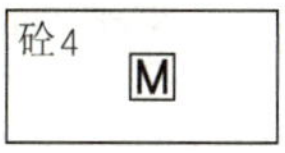		
剧院、电影院	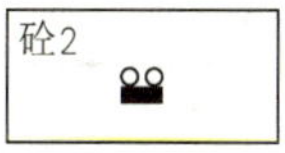		
电视发射塔 23——塔高	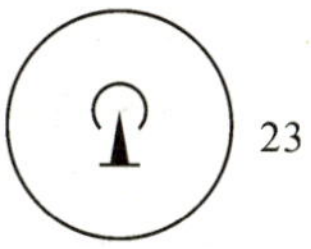		
矿井井口 a. 开采的 a1. 竖井井口 a2. 斜井井口 a3. 平硐洞口 a4. 小矿井 b. 废弃的 b1. 竖井井口 b2. 斜井井口 b3. 平硐洞口 b4. 小矿井 硫、铜、磷、煤、铁——矿物品种	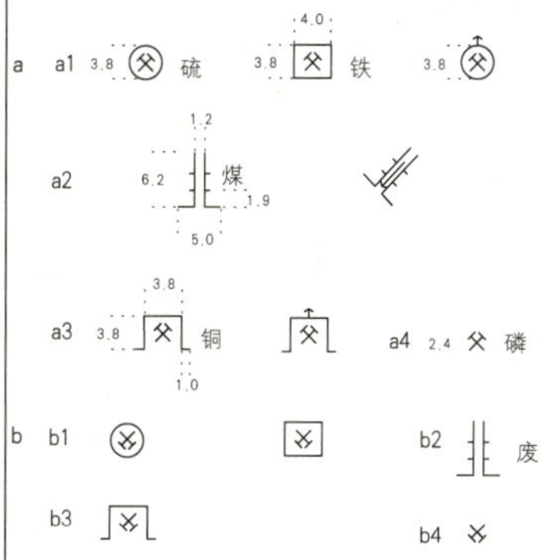		
蒙古包、放牧点 a. 依比例尺的 b. 不依比例尺的 (3—6)——居住月份			
露天采掘场、乱掘地 石、土——矿物品种			
学校			2.5 文
医疗点			2.8 
露天体育场、网球场、运动场、球场 a. 有看台的 a1. 主席台 a2. 门洞 b. 无看台的	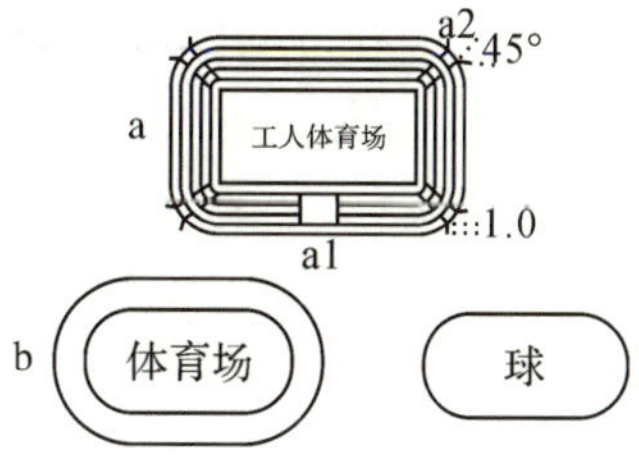		
游泳场(池)			
电话亭			

续表

符号名称	符号式样 1∶500	符号式样 1∶1 000	符号式样 1∶2 000	符号名称	符号式样 1∶500	符号式样 1∶1 000	符号式样 1∶2 000
移动通信塔、微波传送塔、无线电杆 a. 在建筑物上 b. 依比例尺的 c. 不依比例尺的	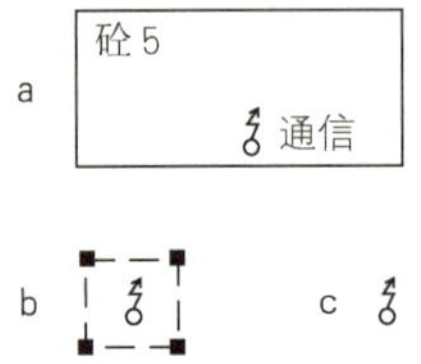			厕所			
				垃圾场			
垃圾台 a. 依比例尺的 b. 不依比例尺的	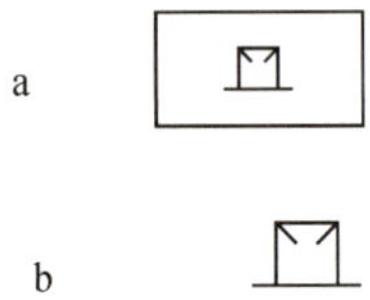			坟地、公墓 a. 依比例尺的 b. 不依比例尺的	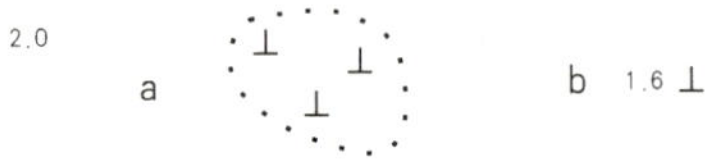		
独立大坟 a. 依比例尺的 b. 不依比例尺的				长城、砖石城墙 a. 完整的 a1. 城门 a2. 城楼 a3. 台阶 b. 损坏的 b1. 豁口	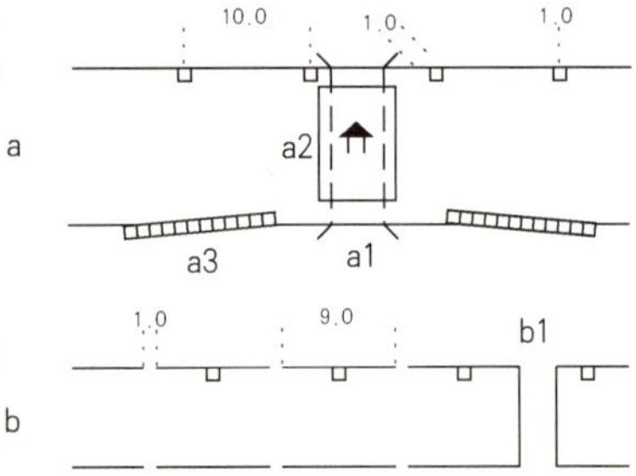		
围墙 a. 依比例尺的 b. 不依比例尺的	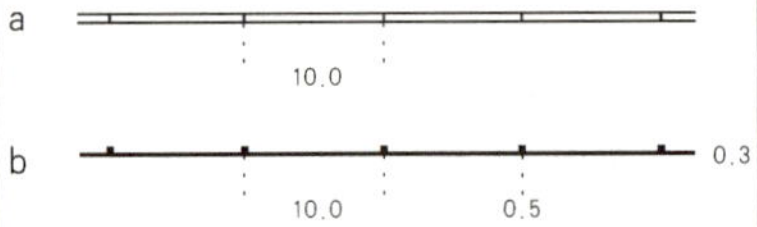			栅栏、栏杆	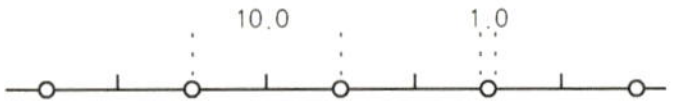		
篱笆	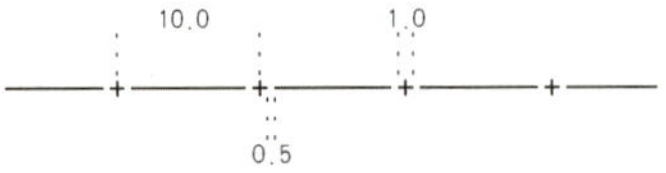			活树篱笆	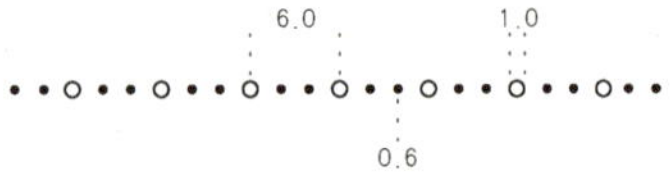		
铁丝网、电网	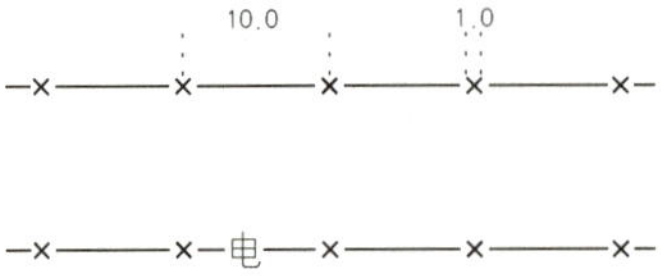			高速公路 a. 隔离带 b. 临时停车点 c. 建筑中的	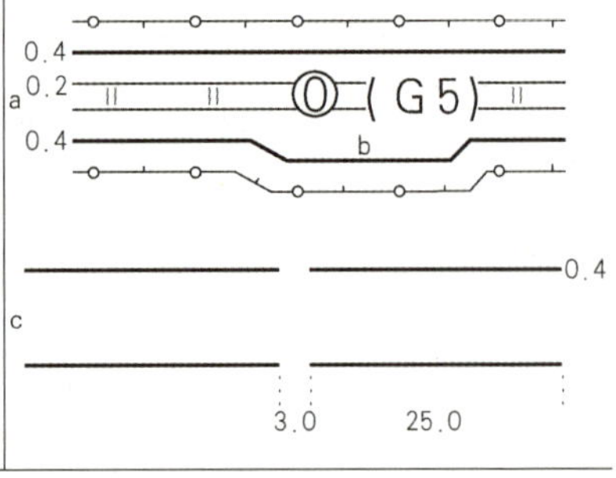		

续表

符号名称	符号式样 1∶500	符号式样 1∶1 000	符号式样 1∶2 000	符号名称	符号式样 1∶500	符号式样 1∶1 000	符号式样 1∶2 000
国道 a. 一级公路 a1. 隔离设施 a2. 隔离带 b. 二至四级公路 c. 建筑中的 ①、②——技术等级代码 (G305)、(G301)——国道代码及编号	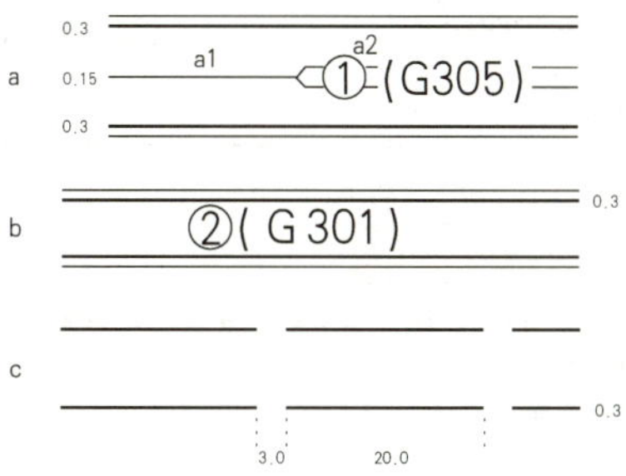			省道 a. 一级公路 a1. 隔离设施 a2. 隔离带 b. 二至四级公路 c. 建筑中的 ①、②——技术等级代码 (S305)、(S301)——省道代码及编号	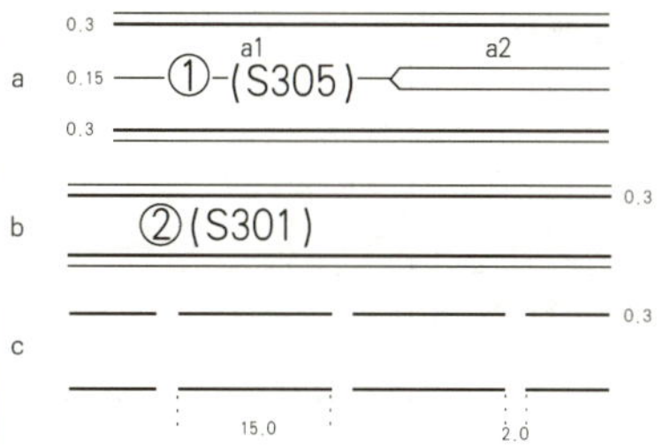		
高压输电线 架空的 a. 电杆 35——电压(kV) 地面下的 a. 电缆标 输电线入地口 a. 依比例尺的 b. 不依比例尺的	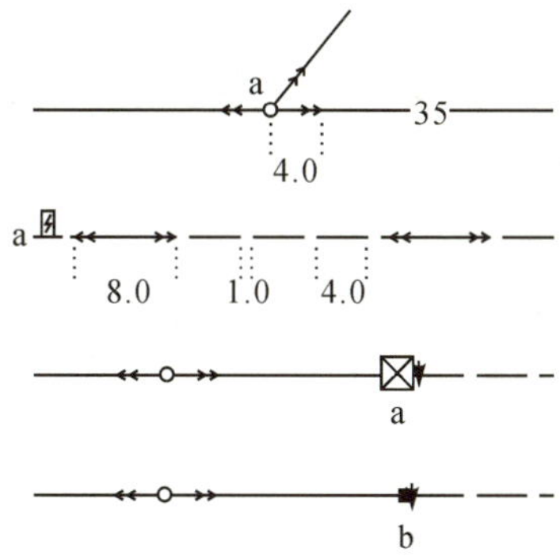			电力线附属设施 电杆 电线架 电线塔(铁塔) a. 依比例尺的 b. 不依比例尺的 电缆标 电缆交接箱 电力检修井孔	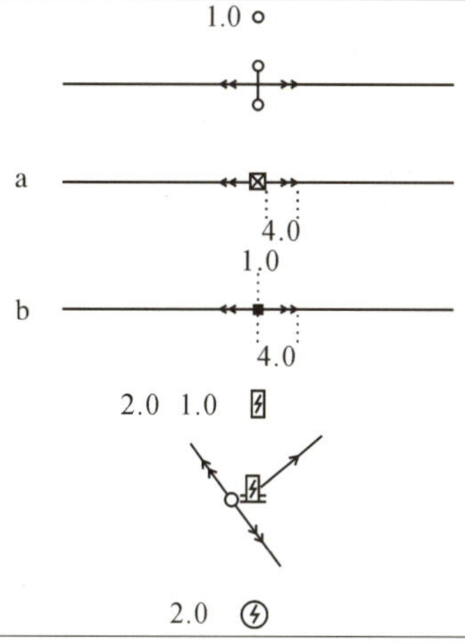		
配电线 架空的 a. 电杆 地面下的 a. 电缆标 配电线入地口	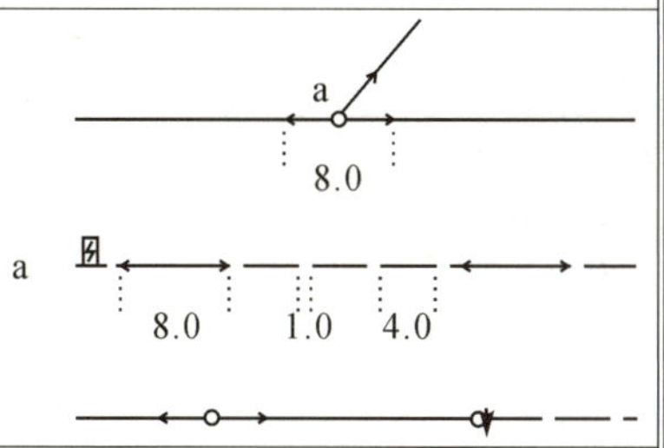			变电室(所) a. 室内的 b. 露天的			
变压器 a. 依比例尺的 b. 不依比例尺的	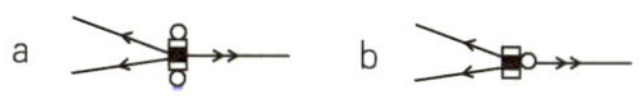			管道其他附属设施 a. 水龙头 b. 消火栓 c. 阀门 d. 污水、雨水箅子	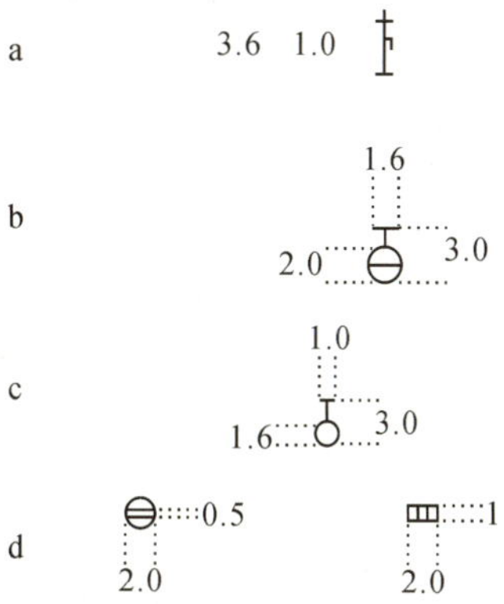		

续表

符号名称	符号式样 1∶500	1∶1 000	1∶2 000
国界 a.已定界和界桩、界碑及编号 b.未定界	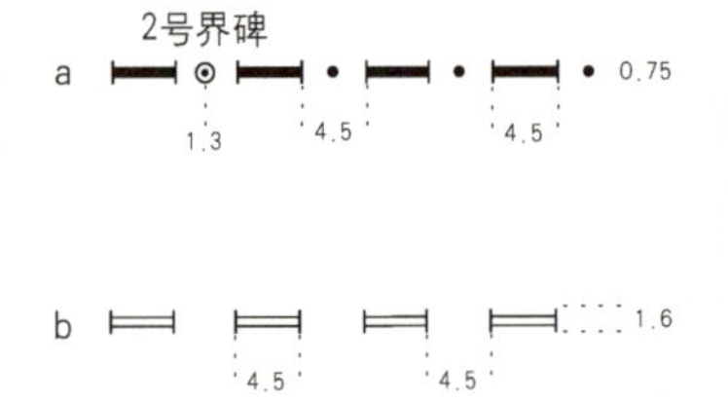		
特别行政区界线	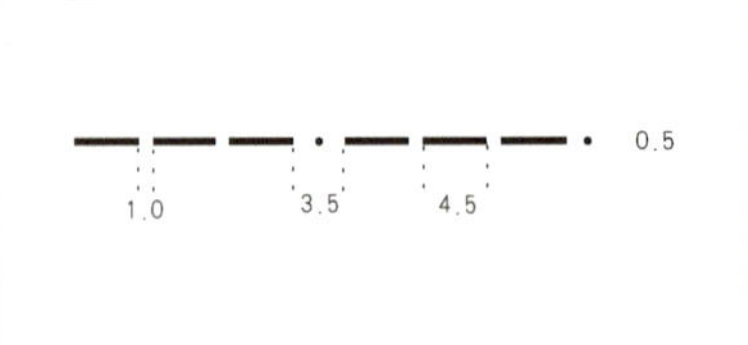		
县级行政区界线 a.已定界和界标 b.未定界	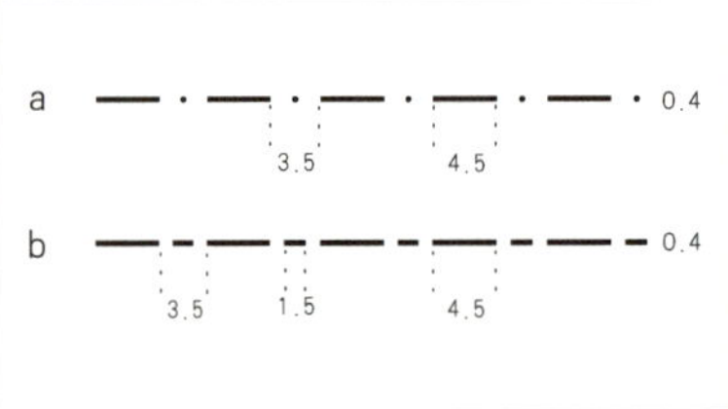		
水下等值线及注记点 采用1985国家高程基准的水下高程 a.水下高程(实测高程)注记 b.水下等高线 b1.首曲线 b2.计曲线 b3.间曲线 b4.当地平均海水面 —3、—5——高程 采用深度基准面的水下深度 a.水深(转绘水深)注记 a1.水深 a2.干出高度 b.等深线 b1.首曲线 b2.计曲线 3、5——水深	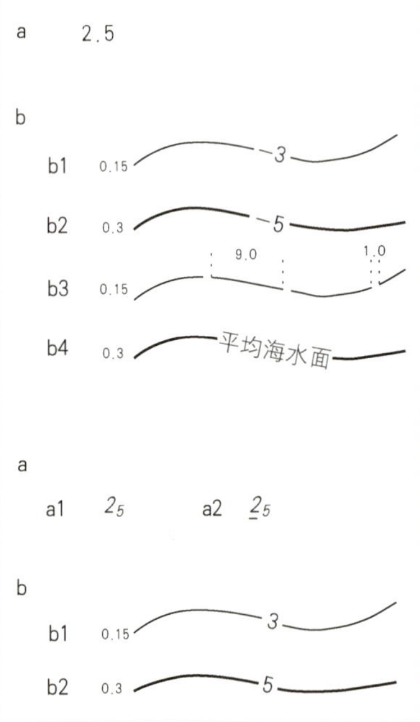		
坑穴 a.依比例尺的 b.不依比例尺的 2.6、2.3——深度	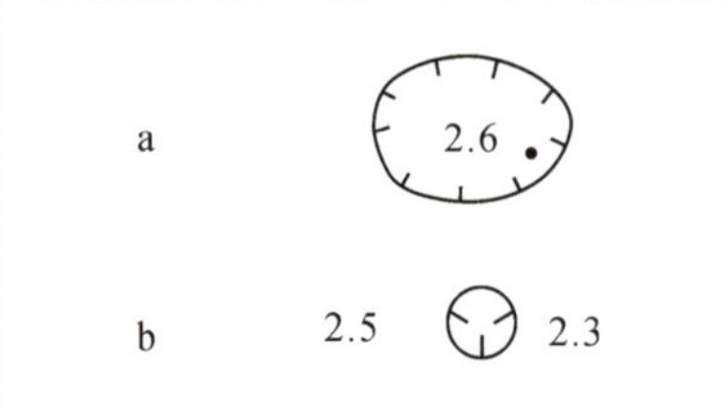		
省级行政区界线和界标 a.已定界 b.未定界 c.界标	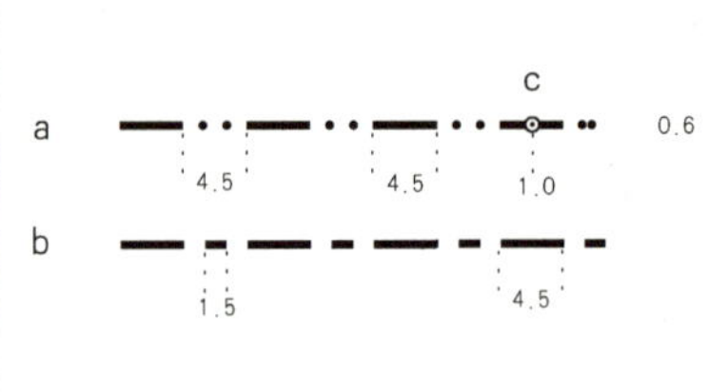		
地级行政区界线 a.已定界和界标 b.未定界	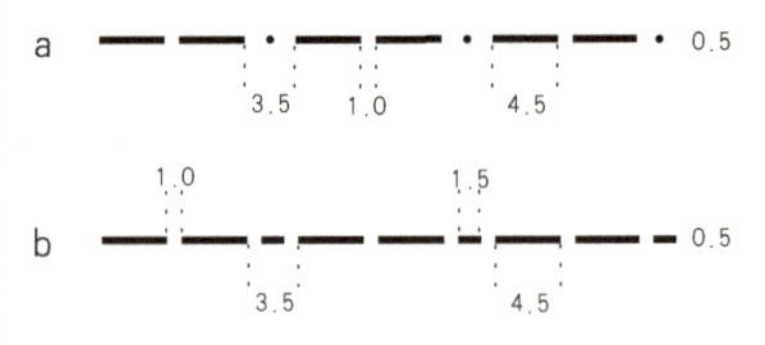		
独立石 a.依比例尺的 b.不依比例尺的 2.4——比高	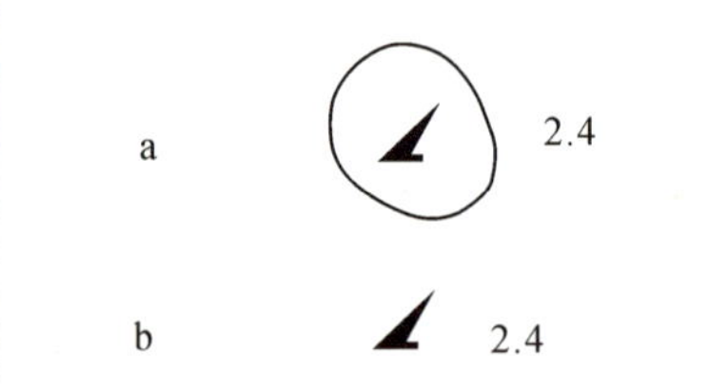		
土堆、贝壳堆、矿渣堆 a.依比例尺的 b.不依比例尺的 3.5——比高	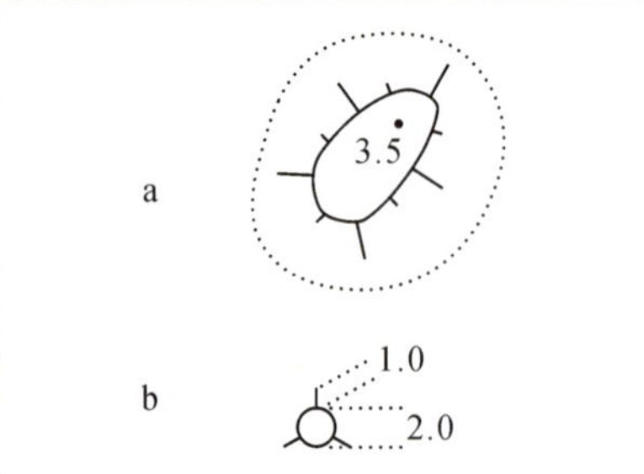		
石堆 a.依比例尺的 b.不依比例尺的	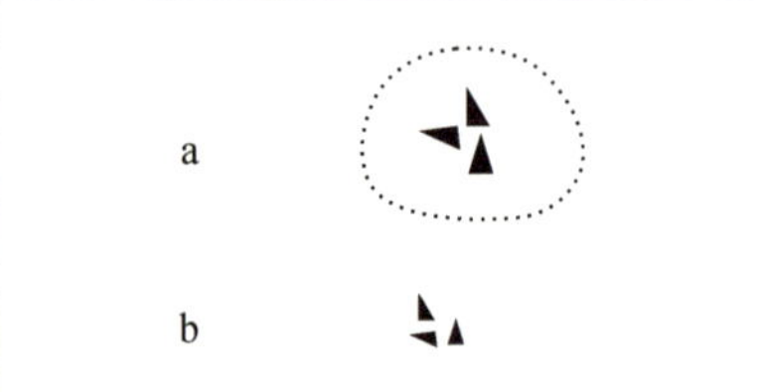		
熔岩漏斗、黄土漏斗			
山洞、溶洞 a.依比例尺的 b.不依比例尺的	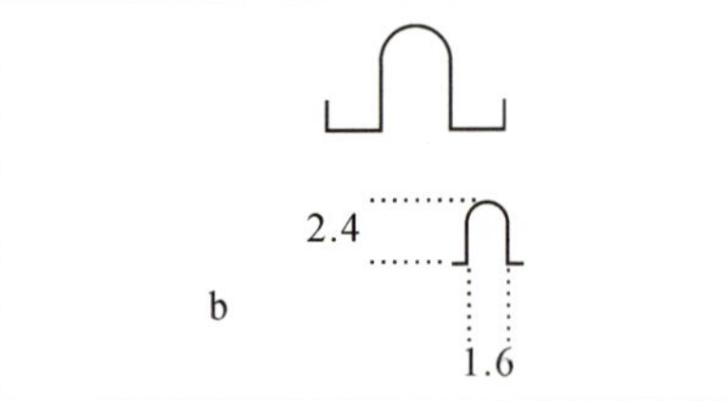		

续表

符号名称	符号式样			符号名称	符号式样		
	1∶500	1∶1 000	1∶2 000		1∶500	1∶1 000	1∶2 000
冲沟 3.4、4.5——比高	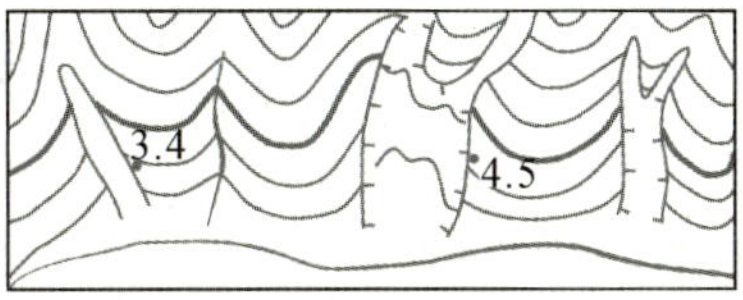			地裂缝 a.依比例尺的 2.1——裂缝宽 5.3——裂缝深 b.不依比例尺的	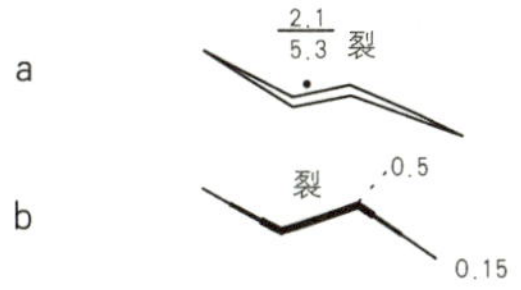		
陡崖、陡坎 a.土质的 b.石质的 18.6、22.5——比高	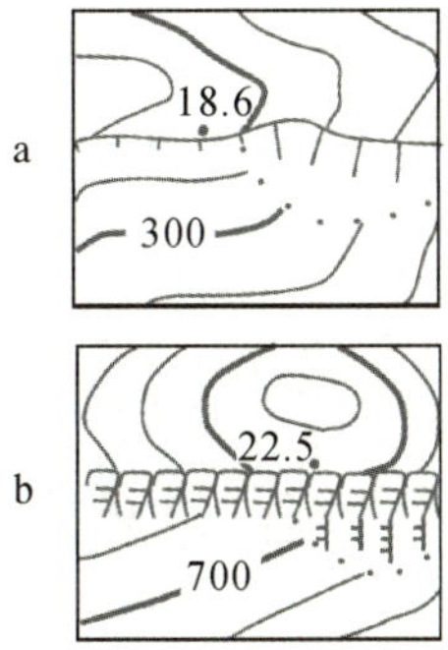			人工陡坎 a.未加固的 b.已加固的	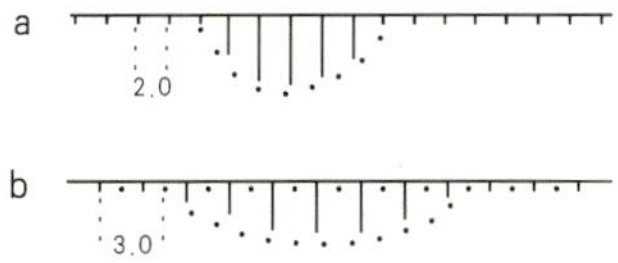		
露岩地、陡石山 a.露岩地 b.陡石山 1986.4——高程	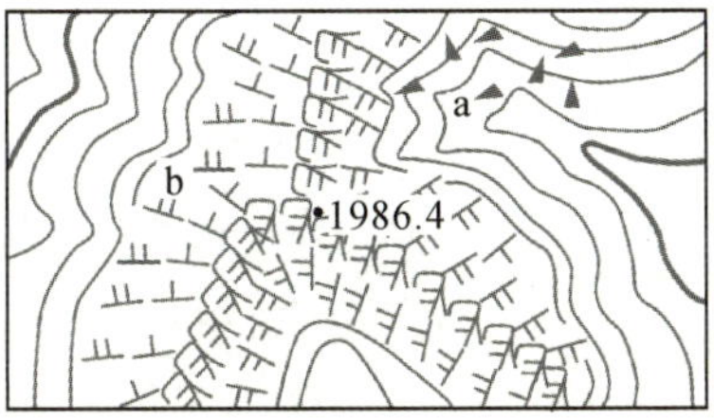			崩崖 a.沙土崩崖 b.石崩崖	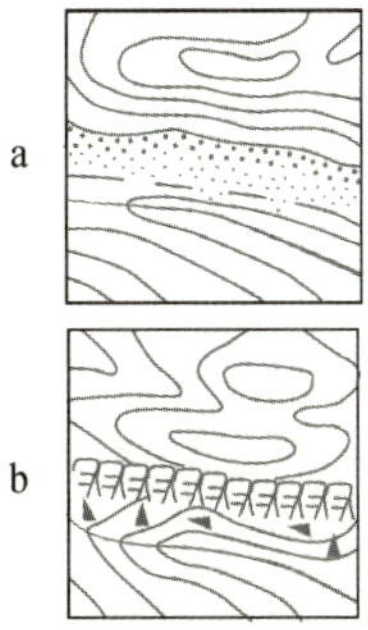		
滑坡	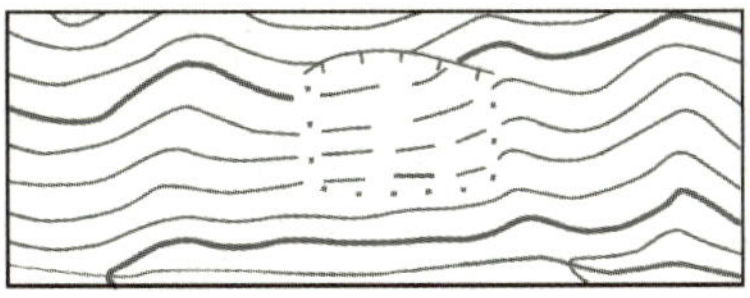			斜坡 a.未加固的 a1.天然的 a2.人工的 b.已加固的	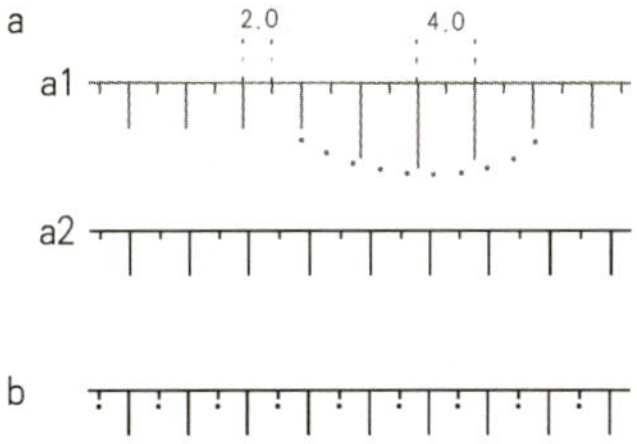		
梯田坎 2.5——比高	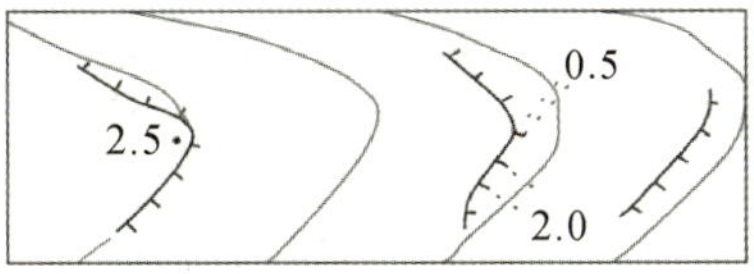			石垄 a.依比例尺的 b.半依比例尺的	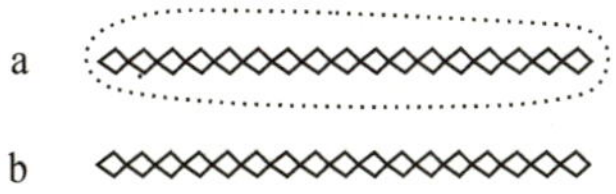		

续表

符号名称	符号式样 1∶500	符号式样 1∶1 000	符号式样 1∶2 000	符号名称	符号式样 1∶500	符号式样 1∶1 000	符号式样 1∶2 000
稻田 a. 田埂	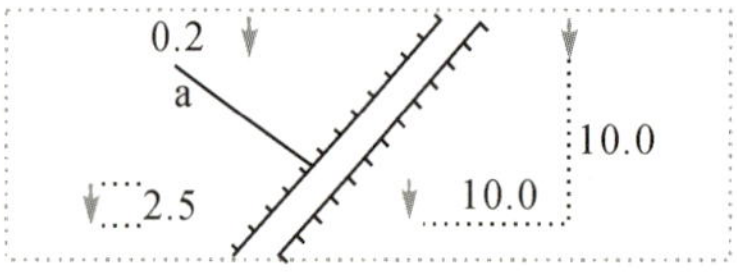			旱地	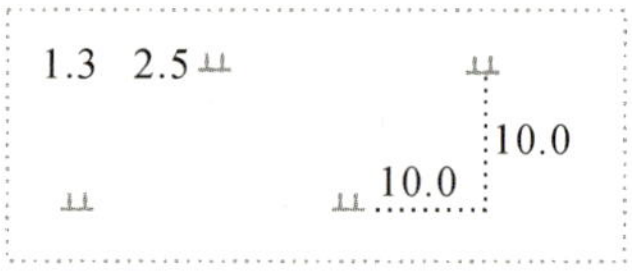		
菜地				水生作物地 a. 非常年积水的 菱——品种名称	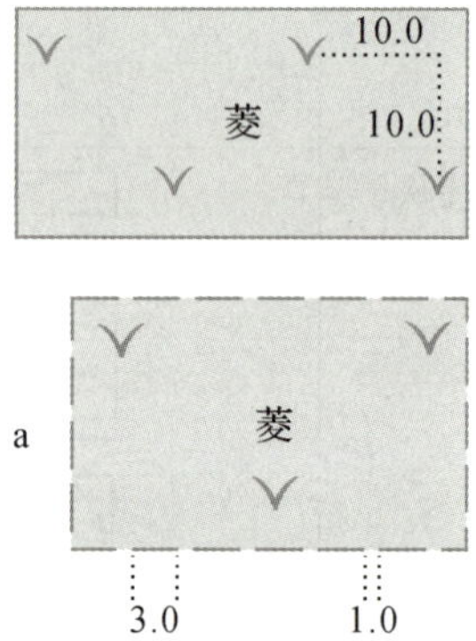		
台田、条田				经济林 a. 果园 b. 桑园 c. 茶园 d. 橡胶园 e. 其他经济林	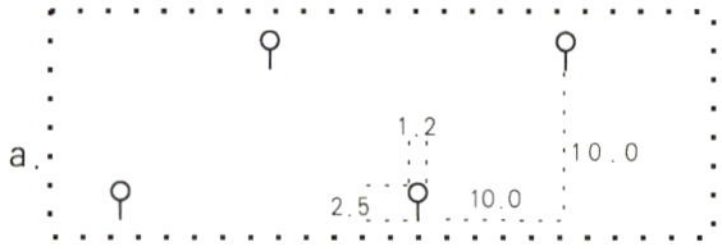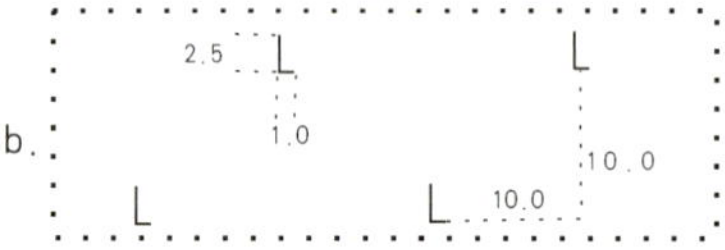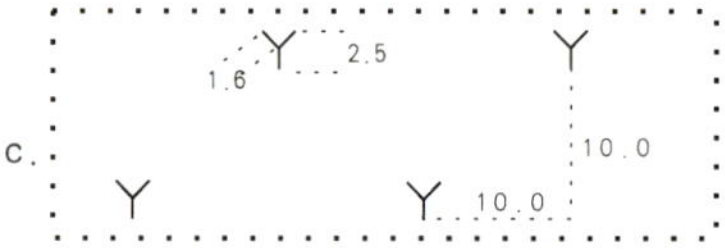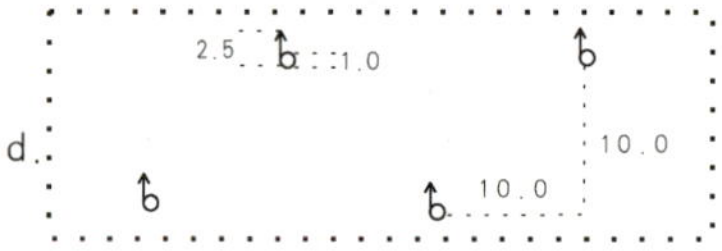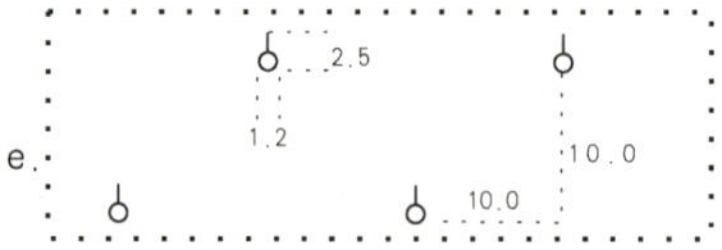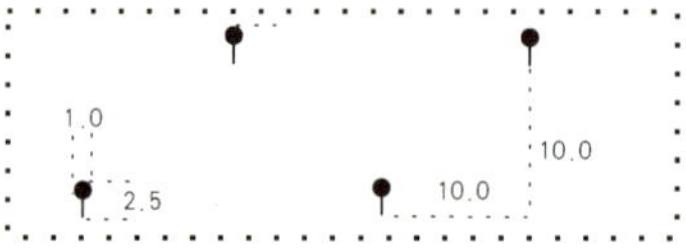		
经济作物地							
成林	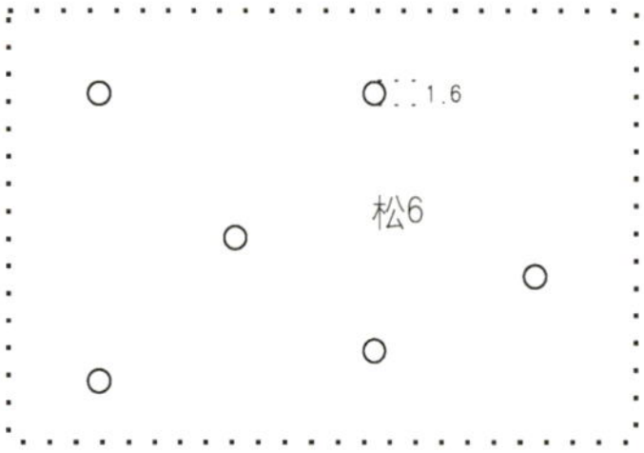						

续表

符号名称	符号式样 1∶500	符号式样 1∶1 000	符号式样 1∶2 000	符号名称	符号式样 1∶500	符号式样 1∶1 000	符号式样 1∶2 000
幼林、苗圃	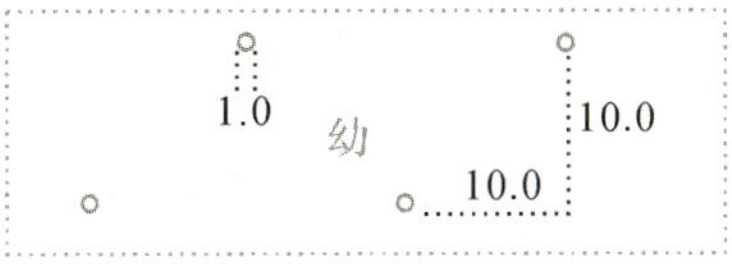			灌木林 a. 大面积的 b. 独立灌木丛 c. 狭长灌木林	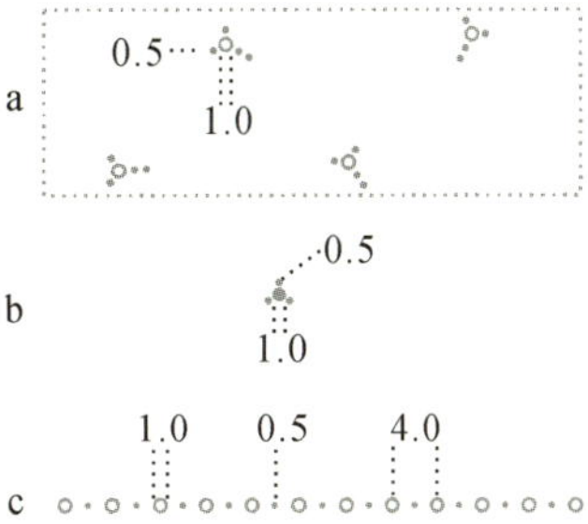		
竹林 a. 大面积竹林 b. 小面积竹林、竹丛 c. 狭长竹丛	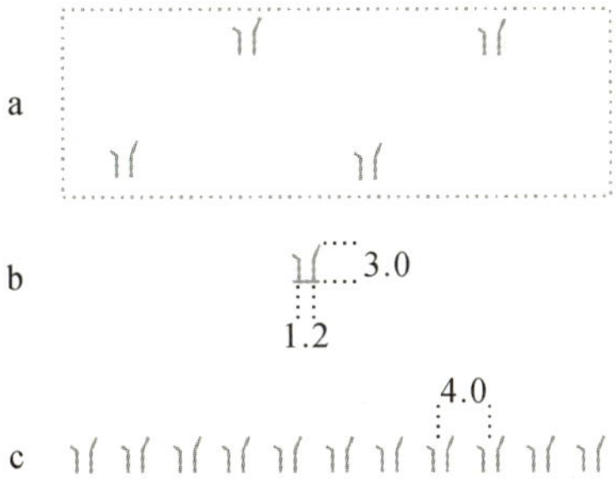						
疏林	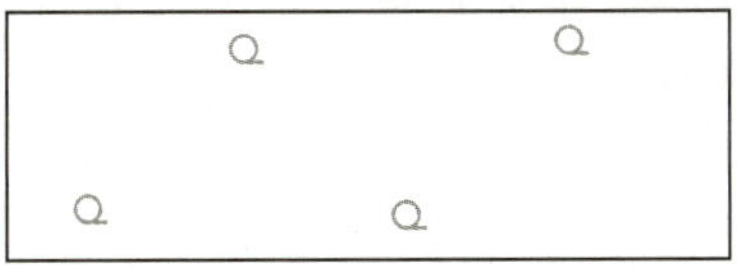			防火带			
零星树木				独立树 a. 阔叶 b. 针叶 c. 棕榈、椰子、槟榔 d. 果树 e. 特殊树	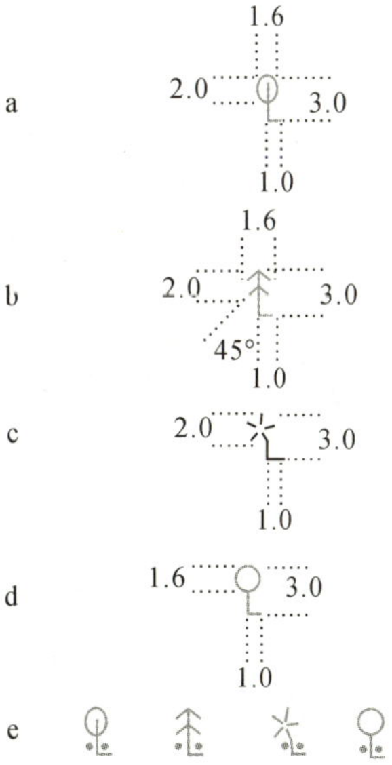		
行树 a. 乔木行树 b. 灌木行树	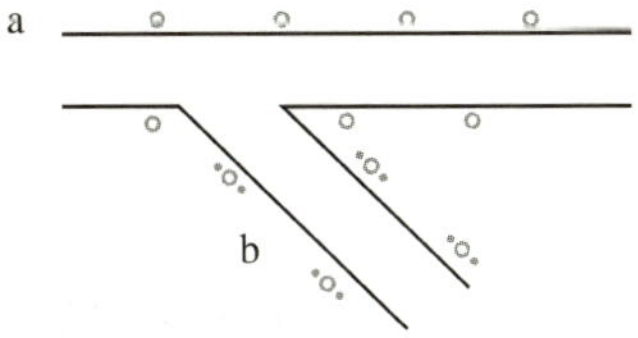						
半荒草地	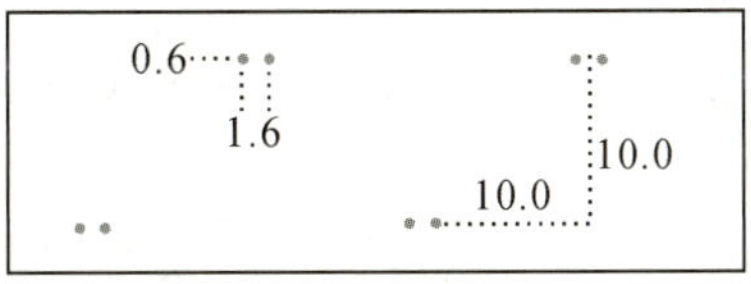						

续表

符号名称	符号式样			符号名称	符号式样		
	1∶500	1∶1 000	1∶2 000		1∶500	1∶1 000	1∶2 000
荒草地	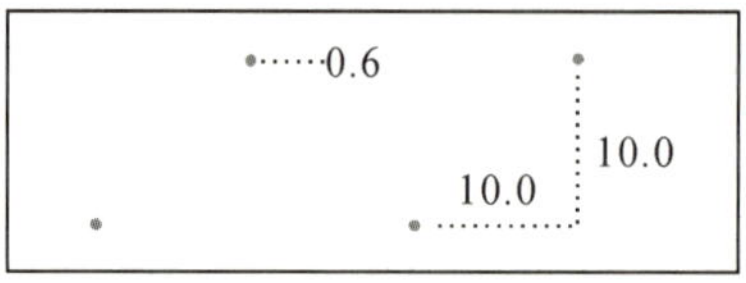			草地 a. 天然草地 b. 改良草地 c. 人工牧草地 d. 人工绿地	a  b 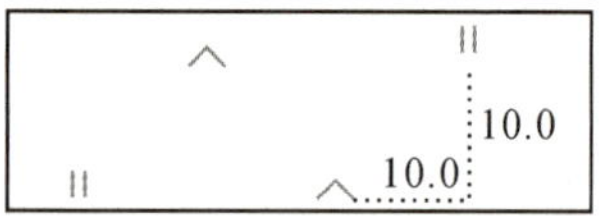 c 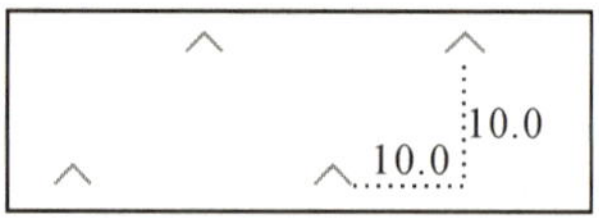 d 		
花圃、花坛							

表 4.1 中符号的尺寸说明：①符号旁以数字标注的尺寸值，均以毫米（mm）为单位。②符号旁只注一个尺寸值的，表示圆或外接圆的直径、等边三角形或正方形的边长；两个尺寸值并列的，第一个数字表示符号主要部分的高度，第二个数字表示符号主要部分的宽度；线状符号一端的数字，单线是指其粗度，两平行线是指含线划粗的宽度（街道是指其空白部分的宽度）。符号上需要特别标注的尺寸值，则用点线引示。③符号线划的粗细、线段的长短和交叉线段的夹角等，没有标明的均以本图式的符号为准。一般情况下，线划粗为 0.15 mm，点的直径为 0.3 mm，符号非主要部分的线划长为 0.5 mm，非垂直交叉线段的夹角为 45°或 60°。

§4.2 地物符号

地物是用地物符号和注记来表示的。地物种类繁多，《图式》对 1∶500、1∶1 000、1∶2 000 地形图的地物符号尺寸、符号的定位点和定位线、符号的方向和配置、符号的分类做出了说明。符号可以按地图符号与比例尺的关系分类，也可以按符号表现制图对象的几何特征分类。

4.2.1 地物符号尺寸

《图式》中规定，在一般情况下符号的线划粗为 0.15 mm（当采用绘图机绘图时，线划粗可放宽至 0.2 mm），点的直径为 0.3 mm，符号非主要部分的线段长为 0.5 mm。以虚线表示的线段，凡未注明尺寸的，其实部为 2.0 mm，虚部为 1.0 mm。

组合符号图形部分未标明尺寸的，一般以本图式为准。但楼梯、台阶线、斜坡与陡坎的长线和短线，其间隔可根据图形的大小放大或缩小。

4.2.2 符号的位置与方向

地物符号在地形图中除表示地物的外形外，还要表示地物的准确位置，有的还需要表示地物的方向，所以《图式》中对符号的定位有以下说明。

1. 符号的定位点和定位线

(1)圆形、矩形、三角形等几何图形符号，在其图形的中心。

(2)宽底符号(蒙古包、烟囱、独立石等)，在底线中心。

(3)底部为直角形的符号(风车、路标等)，在直角的顶点。

(4)几种图形组成的符号(气象站、雷达站、无线电杆等)，在其下方图形的中心点或交叉点。

(5)下方没有底线的符号(窑、亭、山洞等)，依比例尺表示的，定位点在两端点上；不依比例尺表示的，定位点在其下方两端点间的中心点。

(6)不依比例尺表示的其他符号(桥梁、水闸、拦水坝、溶斗等)，在符号的中心点。

(7)线状符号(道路、河流、堤、境界等)，在符号的中心线。依比例尺表示时，在两侧线的中心。

2. 符号的方向和配置

(1)独立性地物符号除简要说明中规定按真方向表示外，其他的均垂直于南图廓描绘。

(2)土质和植被符号，根据其排列的形式可分为三种情况：①整列式，按一定行列配置，如苗圃、草地、经济林等；②散列式，不按一定行列配置，如林地、灌木林、石块地等；③相应式，按实地疏密或位置配置，如疏林、散树、独立树等，表示符号时应注意显示其分布特征。

整列式排列一般按图式表示的间隔配置符号，面积较大时，其符号间隔可放大 1～3 倍描绘。在能表示清楚的原则下，也可采用注记的方法表示。还可将图中最多的一种不表示符号，图外加附注说明，但一幅图或一批图应统一。

4.2.3　地物符号分类

按地图符号与比例尺的关系分类(此分类方式依据 GB/T 20257.1—2017《国家基本比例尺地图图式　第 1 部分：1∶500　1∶1 000　1∶2 000 地形图图式》)，可分为依比例尺符号、不依比例尺符号和半依比例尺符号。

1. 依比例尺符号

地物的形状、大小和位置能按比例尺缩绘在图上，可表达地物的轮廓特征，这类符号称为依比例尺符号或轮廓符号。这种符号一般用实线或点线描绘，如表 4.2 中 1～3 所示的房屋、花圃、草地的范围等。

2. 不依比例尺符号

有的地物(如控制点、消火栓、阀门、钻孔等)轮廓较小，无法按比例尺缩绘在图上，而又必须在图上表示出来，则采用规定的符号在该地物的中心位置上表示，这类符号称为不依比例尺符号。由于这类符号与相应地物形状比较类似，所以又称为形象符号，如表 4.2 中 4～7 所示均为不依比例尺符号。无专门说明的符号，均以顶端向北、垂直于南图廓线绘制；具有走向性的符号，如井口、窑洞等按其真实方向表示。

不依比例尺符号只能表示地物在图上的中心位置，不能表示其形状和大小。符号的中心与该地物实地中心的位置关系，随各种不同的地物而异，测图和用图时应注意以下几个方面：

(1)规则的几何图形符号，如圆形、正方形、三角形等，图形几何中心点为地物中心在图上的位置。

(2)底部为直角的符号，如独立树、加油站、路标等，符号的直角顶点即为地物中心在图上的位置。

(3)底宽符号，如烟囱、水塔、岗亭等，符号底部中心即为地物中心在图上的位置。

(4)下方无底线符号，如山洞、窑洞、平硐洞口等，符号下方两端点连线的中心即为地物中心在图上的位置。

(5)数种图形组合符号，如消火栓、路灯、盐井等，符号下方图形的几何中心即为地物中心在图上的位置。

(6)其他符号，如矿井、桥梁、涵洞等，符号中心即为实地地物中心在图上的位置。

3. 半依比例尺符号

一些呈线状延伸的地物，如公路、铁路、通信线、管道等，长度可按比例尺缩绘，而宽度不能按比例尺缩绘，这类符号称为半依比例尺符号或线形符号，如表 4.2 中 8～11 所示。这类符号的中心线一般表示其地物的中心线，只能表示地物的长度不能表示其宽度。

4.2.4 地物注记

对地物加以说明的文字、数字或特有符号，称为地物注记。地物注记用于进一步表明地物的特征和种类，诸如城镇、学校、河流、道路的名称，桥梁的长、宽及载重量，江河的流向、流速及深度，道路的去向、路面材料，森林、果树的类别等，都以文字或特定符号加以说明。

按符号表现的制图对象的几何特征分类(此分类方式依据制图学中的分类方式)，可分为点状符号、线状符号和面状符号。

1. 点状符号

指所代表的概念可认为是空间的点的符号。符号的大小与地图比例尺无关但具有定位特征。

点状符号用于点状分布的表现，存在于一个独立位置的事物、离散的空间现象、一个测量控制点、一座城市等，代表一个地区的国民经济统计图形，也算作点位分布。因此，点状符号在地图上算作是一个定位点，如表 4.2 中 4～7 所示。

2. 线状符号

指所代表的概念可认为是空间的线的符号。符号沿着某个方向延伸其长度与地图比例尺有关。

线状符号用于线状分布的表现，存在于空间的有序现象，如河流、河堤、道路、运输线，它们可能扩散成一个宽带，以具有相对长度和路线为主要特征。因此线状符号在地图上是一个线段，如表 4.2 中 8～11 所示。

3. 面状符号

指所代表的概念可认为是空间的面的符号。符号的范围同地图比例尺有关。

面状符号用于面积分布事物的表现，表现地物的占有范围和连续的空间现象。因此面状符号在地图上是一块图斑，如表 4.2 中 1～3 所示。

表 4.2 地物符号举例

序号	符号	地物名称	所属分类
1	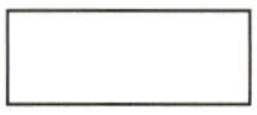	四点一般房屋	依比例尺符号、面状符号

续表

序号	符号	地物名称	所属分类
2		花圃	依比例尺符号、面状符号
3	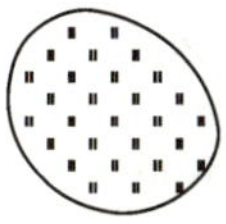	天然草地	依比例尺符号、面状符号
4	△ 尖山/1901.135	三角点	不依比例尺符号、点状符号
5		消火栓	不依比例尺符号、点状符号
6		阀门	不依比例尺符号、点状符号
7		钻孔	不依比例尺符号、点状符号
8	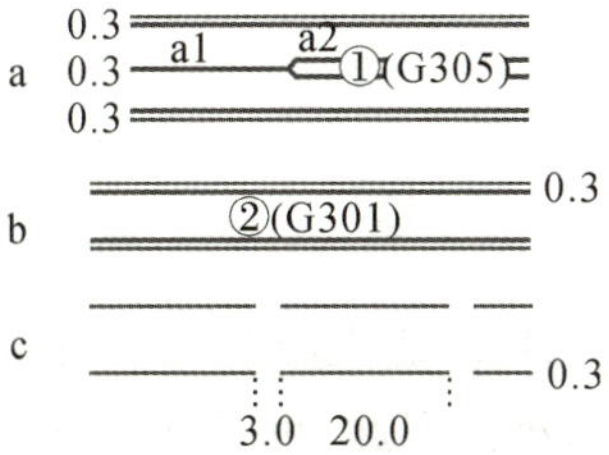	高速公路	a、b 依比例尺符号、线状符号 c 半依比例尺符号、线状符号
9		一般铁路	半依比例尺符号、线状符号
10		地面上的通信线	半依比例尺符号、线状符号
11		地面上的煤气管道	半依比例尺符号、线状符号

§4.3　地貌符号

4.3.1　地貌的表示方法

1. 等高线

等高线是地面上高程相等的点连成的闭合曲线。如图 4.1 所示，设想有一座高出水平面的小山，当水面高程为 90 m 时，水面与小山相交形成的水涯线是一个闭合曲线，该曲线就是高程为 90 m 的等高线，等高线的形状随小山的形状及小山与水面相交的位置而定。当水面下降到 80 m 时，又形成一个高程为 80 m 的等高线，如此，水位每下降 10 m 就形成一条等高线，将这些等高线垂直投影到水平面，并按一定的比例尺缩绘到图纸上，形成的一簇等高线就将小山的空间形状表示出来了。

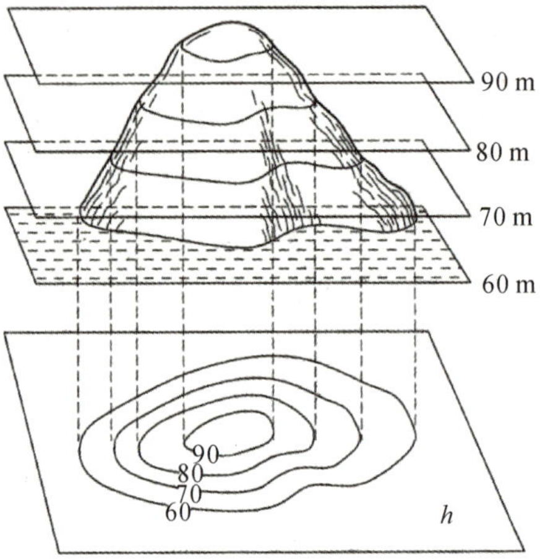

图 4.1　等高线

2. 等高距与等高线平距

相邻两条等高线之间的高差称为等高距或等高线间隔，常用 h 表示，相邻等高线间的水平距离称为等高线平距，常用 d 表示。则地面坡度 i 为

$$i=\frac{h}{d \cdot M}$$

式中，M 为比例尺分母。

同一幅地形图上等高距是相同的。因此，等高线平距 d 的大小与地面坡度有关。等高线平距越小，地面坡度越大；等高线平距越大，地面坡度越小。因此，可根据地形图上等高线的疏密来判定地面坡度的缓与陡。

用等高线表示地貌时，等高距的选择应根据规范，综合比例尺大小、测区的地形类型、用图要求等因素确定，一般可按表 4.3 中数值选用。

表 4.3　等高距

比例尺	地貌类型			
	平地	丘陵	山地	高山
1∶500	0.5	0.5	1	1
1∶1 000	0.5	1	1	2
1∶2 000	1	2	2	2
1∶5 000	2	5	5	5

按表 4.3 选定的等高距称为基本等高距。等高距选定后，则所有等高线的高程必须是基本等高距的整数倍，不能用任意高程。如某图选用 1 m 作为基本等高距，则所有等高线的高程应为 1 m 的整数倍。

3. 等高线的种类

等高线一般分为首曲线、计曲线、间曲线和助曲线四种。

1)首曲线

首曲线也被称为基本等高线，是指按基本等高距绘成的等高线，一般用细实线描绘，如图 4.2 中的 98 m、102 m、104 m、106 m 和 108 m 等高线。

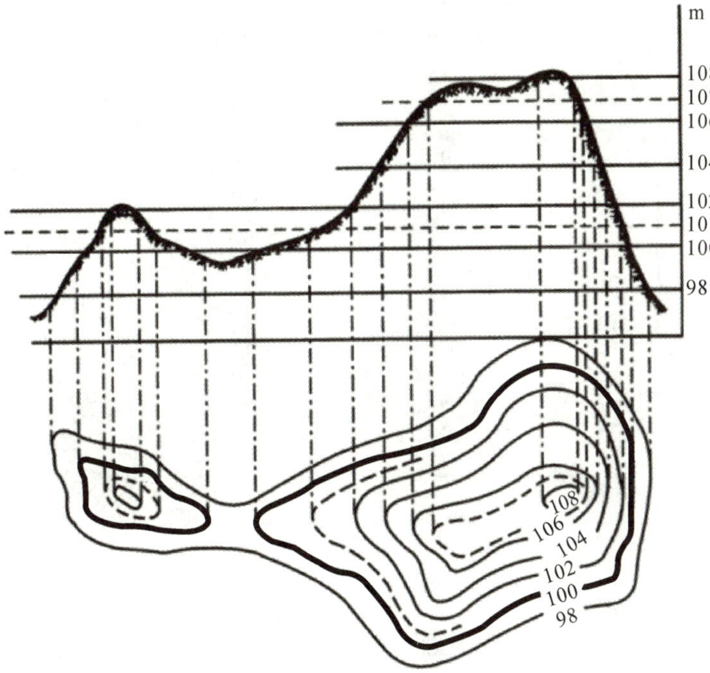

图 4.2　首曲线

2)计曲线

为便于读图，自高程起算面开始，每隔四条首曲线加粗绘制的等高线被称为计曲线，计曲线也被称为加粗等高线，一般用粗实线描绘，并在适当位置断开注记高程，字头指向高处，如图 4.2 中的 100 m 等高线。

3)间曲线

当首曲线不能显示某些局部地貌时，按 1/2 基本等高距绘成的等高线被称为间曲线，间曲线也被称为半距等高线，一般用长虚线表示，仅在局部地区使用，可不闭合，但应对称，如图 4.2 中的 101 m 和 107 m 等高线。

4)助曲线

当用间曲线仍不能表示局部地貌时，用 1/4 基本等高距描绘的等高线被称为助曲线，助曲线也被称为辅助等高线，一般用短虚线表示(在 1∶500～1∶2 000 比例尺地形图上不表示)。

4.3.2　典型地貌的名称

地貌是地形图要表示的重要信息之一。地貌尽管千姿百态、错综复杂，但其基本形态可以归纳为几种典型地貌，如山头、山脊、山谷、山坡、鞍部、洼地、绝壁等，如图 4.3 所示。

凸起而高于四周的高地称为山地，山的最高部分称为山头，山头下来隆起的凸棱称为山脊，山脊上最突出的棱线称为山脊线，山脊的侧面称为山坡，近于垂直的山坡称为峭壁或绝壁，上部凸出、下部凹入的绝壁称为悬崖。两山脊之间的山体凹陷部称为山谷，山谷中最低点的连线称为山谷线。相邻两个山头之间的最低处、形似马鞍状的地形称为鞍部，它的位置是两个山脊线和两个山谷交会之处。低于四周的低地称为洼地，大范围的洼地称为盆地。

一般地，地面倾斜角在 2°以下，相对高度小于 20 m，地势起伏小，称为平地。倾斜角在 2°～6°，相对高度不高于 150 m，称为丘陵地。倾斜角在 6°～25°，相对高度高于 150 m，称为山地。绝大部分地面倾斜角在 25°以上，地势陡峻，称为高山地。

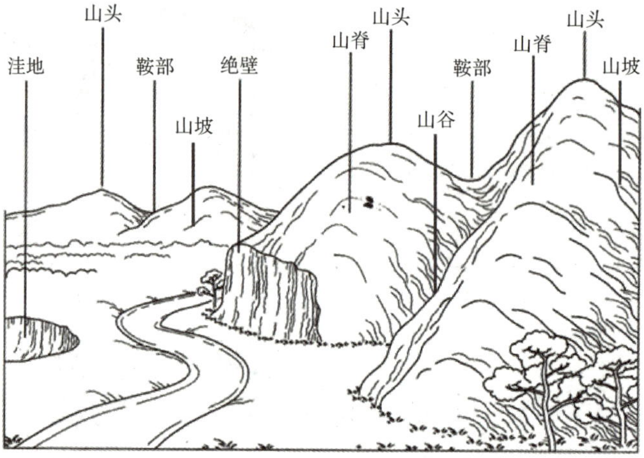

图 4.3　典型地貌的名称

1. 基本地貌的等高线表示

(1)山头和洼地：图 4.4 中山头的等高线和图 4.5 中洼地的等高线都是一组闭合曲线，可从高程注记或示坡线(图 4.5 中垂直于等高线的短线)来判断是山头还是洼地，示坡线的方向指向低处。

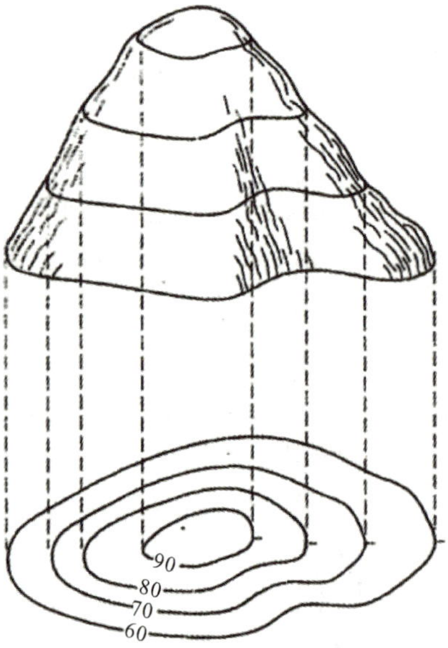

图 4.4　山头的等高线

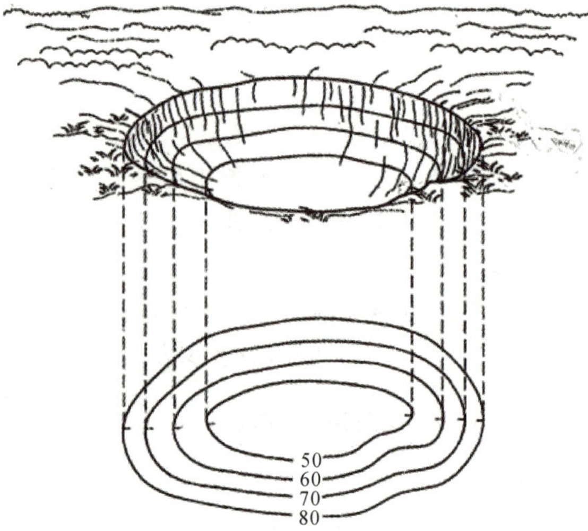

图 4.5　洼地的等高线

(2)山脊和山谷：图 4.6 山脊的等高线和图 4.7 山谷的等高线均为一组凸形曲线，山脊等高线凸向低处，山谷等高线凸向高处。山脊和山谷的两侧为山坡，山坡近似于一个倾斜平面，因此山坡的等高线为一组 d 值(相邻等高线间平距)近似相等的曲线。

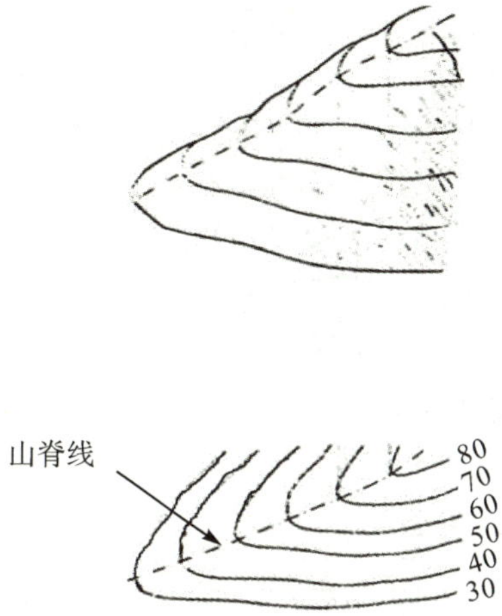

图 4.6　山脊的等高线

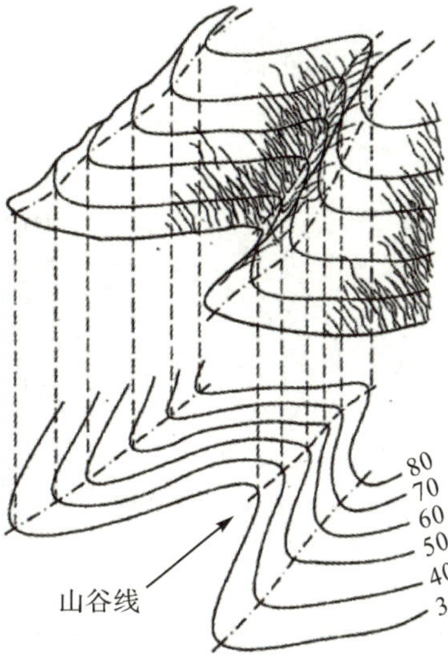

图 4.7　山谷的等高线

(3)鞍部：如图 4.8 所示，它四周是相对称的两组山脊线和两组山谷线。其特点是在一大圈的闭合曲线内，套有两组小的闭合曲线。鞍部往往是山区道路越岭的通过点。

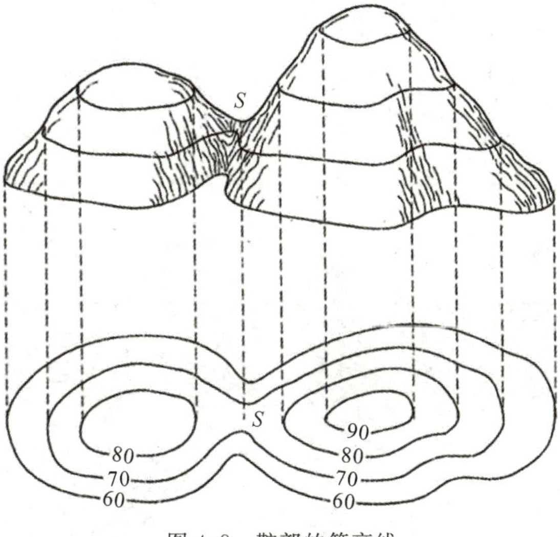

图 4.8　鞍部的等高线

(4)绝壁和悬崖：绝壁和悬崖都是由于地壳产生断裂运动而形成的。绝壁坡度在 70°以上，有比较高的陡峭岩壁，等高线非常密集，因此在地形图上要用特殊符号来表示绝壁，如图 4.9 所示。悬崖是近乎直立而下部凹进、上部凸出，上部等高线投影到水平面时，与下部的等高线重叠相交，下部凹进的等高线用虚线表示，如图 4.9 所示。

识别上述典型地貌用等高线表示的方法后，就基本上能够认识地形图上用等高线表示的复杂地貌。图 4.10 为某地区综合地貌及其等高线地形图。

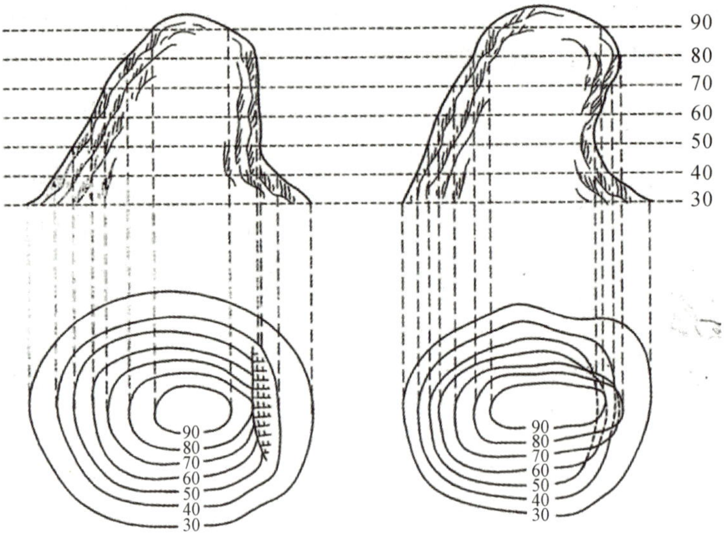

图 4.9 绝壁和悬崖的等高线

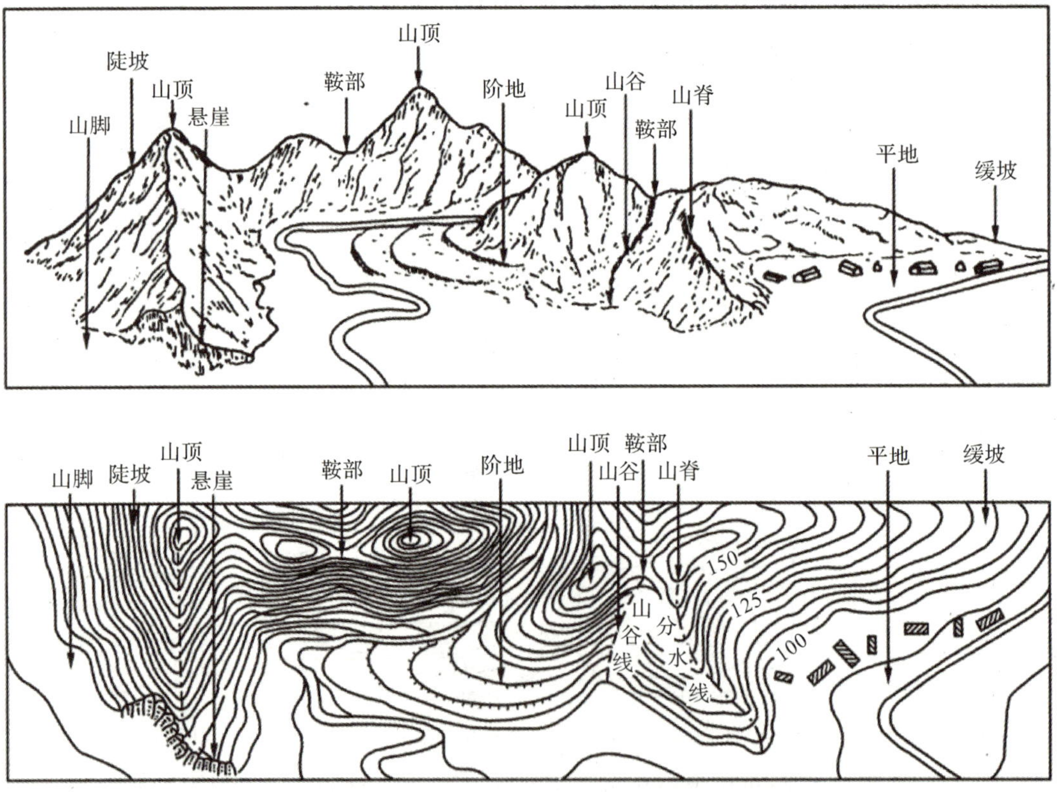

图 4.10 某地区综合地貌及其等高线地形图

2. 等高线的特性

掌握了等高线表示地貌的规律,可归纳出等高线的特性:

(1)同一等高线上的点,其高程相等。

(2)非陡崖或悬崖,等高线不能重叠或相交。

(3)等高线为连续闭合曲线,不在本图幅闭合,即在其他图幅内闭合。在图幅内不能分岔,非河流处不能中断。

(4)等高线与山脊线、山谷线正交。

(5)等高线平距 d 与地面坡度 i 成反比,即 d 越小,表示坡度越陡,d 越大,表示坡度越缓。

课程思政拓展阅读

材料:技术标准是对重复性事物和概念所做的统一规定,它以科学、技术和实践经验的综合成果为基础,经有关方面协商一致,由主管机构批准,以特定形式发布,作为共同遵守的技术准则和依据。

《中华人民共和国标准化法》第二条规定,标准包括国家标准、行业标准、地方标准和团体标准、企业标准。国家标准分为强制性标准、推荐性标准,行业标准、地方标准是推荐性标准。强制性标准必须执行。国家鼓励采用推荐性标准。推荐性国家标准、行业标准、地方标准、团体标准、企业标准的技术要求不得低于强制性国家标准的相关技术要求。国家鼓励社会团体、企业制定高于推荐性标准相关技术要求的团体标准、企业标准。全国标准信息公共服务平台(https://std.samr.gov.cn)可以查询多类标准的内容。

1)国家标准

国家标准是指对全国经济技术发展有重大意义,需要在全国范围内统一的技术要求所制定的标准。强制性国家标准在全国范围内适用,其他各类标准不得与之相抵触。强制性国家标准的代号是“GB”,取自“国标”的汉语拼音首字母。推荐性国家标准的代号是“GB/T”。

2)行业标准

行业标准是指对没有国家标准而又需要在全国某个行业范围内统一的技术要求,所制定的标准。

行业标准由国务院有关行政主管部门制定。例如测绘行业标准(代号为 CH)、化工行业标准(代号为 HG)、石油化工行业标准(代号为 SH)、建材行业标准(代号为 JC)等。

3)地方标准

为满足地方自然条件、风俗习惯等特殊技术要求,可以制定地方标准。

地方标准编号由地方标准代号、标准顺序号和发布年号组成。根据《地方标准管理办法》的规定,省级地方标准代号,由汉语拼音字母“DB”加上其行政区划代码前两位数字组成。市级地方标准代号,由汉语拼音字母“DB”加上其行政区划代码前四位数字组成。

4)企业标准

企业标准是指企业所制定的产品标准和在企业内需要协调、统一的技术要求和管理、工作要求所制定的标准。企业标准是企业组织生产,经营活动的依据。企业可以根据需要自行制定企业标准,或者与其他企业联合制定企业标准。

结语

孟子早就提出“不以规矩，不能成方圆”，管子强调“四维不张，国乃灭亡”，韩非子也阐释了“悬衡而知平，设规而知圆”的思想，《吕氏春秋·自知》提出“欲知平直，则必准绳；欲知方圆，则必规矩”。可以说，中国传统文化长期以来对“规矩”倍加尊崇，视之为修身、齐家、治国、平天下的“万全之道”和必要法则。新的时代背景下，党和国家高度重视并着力加强规矩价值观教育。高校立德树人工程的一项重要内容就是要帮助大学生培育社会主义的核心价值观，其中包括培育与践行科学的规矩价值观。大学生应沿着正确的政治方向、按照科学的人生理想，树立健康成长成才的应然规矩，在明目标、守规矩的人生发展中提升综合素养，成长为中国特色社会主义事业的合格建设者和可靠接班人。

习近平指出：“青年的价值取向决定了未来整个社会的价值取向，而青年又处在价值观形成和确立的时期，抓好这一时期的价值观养成十分重要。这就像穿衣服扣扣子一样，如果第一粒扣子扣错了，剩余的扣子都会扣错。人生的扣子从一开始就要扣好。”

青年一代在人生发展道路上，要树立规矩意识，严守规矩、遵章守纪、勤学苦练、增强本领，始终保持一份敬畏规则的心理。强本领，担使命，努力为实现中华民族伟大复兴建功立业。

综合练习题 4

1. 下列表述中，属于地貌的是（　　）。
   A. 长城　　B. 黄海　　C. 悬崖　　D. 泰山
2. 下列表述中，属于地貌的是（　　）。
   A. 道路　　B. 教学楼　　C. 陡崖　　D. 独立地物
3. 地形图采用的表示方法是用（　　）表示。
   A. 等高线和注记　　B. 山脊、山谷、山顶、山脚
   C. 计曲线、首曲线、间曲线、助曲线　　D. 地物符号和地貌符号
4. 在地形图上，长度和宽度都不依比例尺表示的地物符号属于（　　）。
   A. 依比例尺符号　　B. 半依比例尺符号　　C. 不依比例尺符号　　D. 地物注记
5. 在地形图上，长度可按比例尺缩绘，而宽度不能按比例尺缩绘的地物符号是（　　）。
   A. 依比例尺符号　　B. 半依比例尺符号　　C. 不依比例尺符号　　D. 地物注记
6. 在地形图上，长、宽都不按比例尺表示，但符号必须在该地物的中心位置上表示的地物符号是（　　）。
   A. 依比例尺符号　　B. 半依比例尺符号　　C. 不依比例尺符号　　D. 地物注记
7. 读图例并完成下表。

序号	名称	图例	所属类别
1		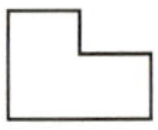	

续表

序号	名称	图例	所属类别
2			
3			
4			
5			
6			
7		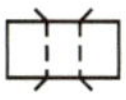	
8		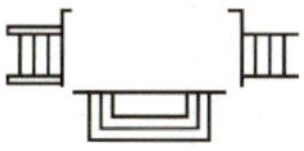	
9			
10		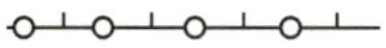	
11			
12			
13			
14			
15			
16			
17			
18			
19			
20			
21			

第二版

续表

序号	名称	图例	所属类别
22		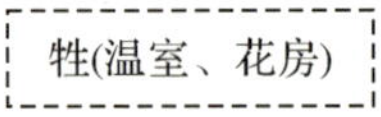	
23		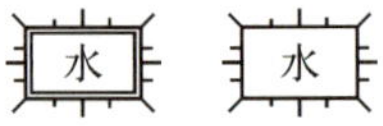	
24			
25		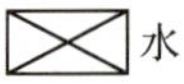	
26			
27		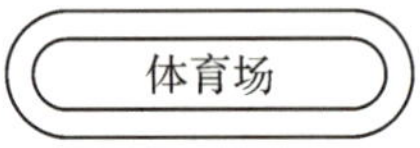	
28			
29			
30			
31			
32			
33			
34			
35			
36			
37		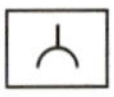	
38			
39			
40			

续表

序号	名称	图例	所属类别
41			
42		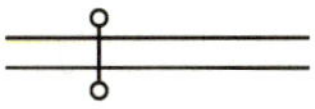	
43		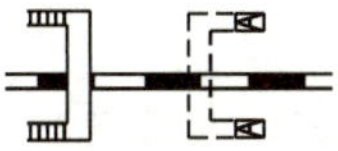	
44			
45		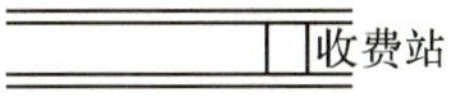	
46			
47			
48			
49		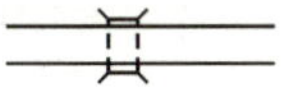	
50		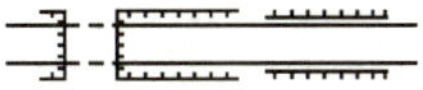	
51			
52			
53			
54			
55		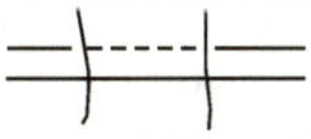	
56		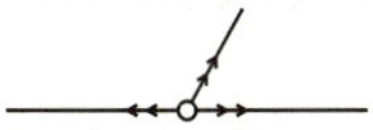	
57			
58		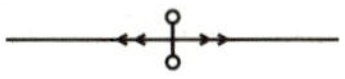	
59			
60			

续表

序号	名称	图例	所属类别
61			
62			
63			
64		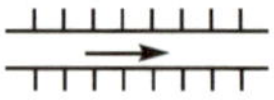	
65		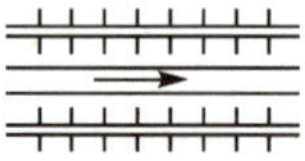	
66		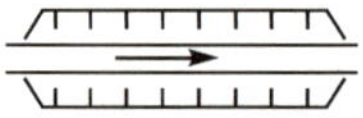	
67			
68		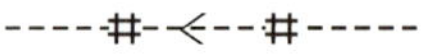	
69			
70			
71			
72			
73			
74			
75			
76		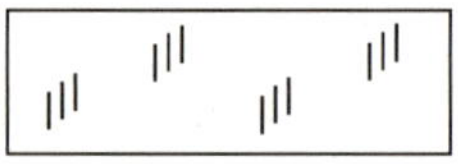	
77		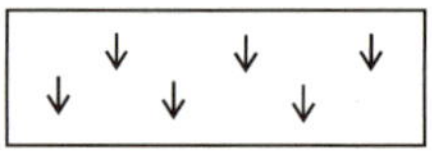	

续表

序号	名称	图例	所属类别
78		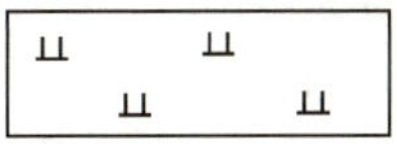	
79		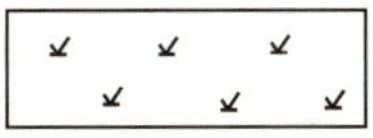	
80		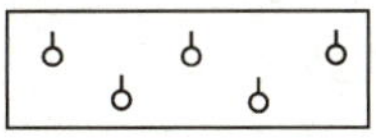	
81		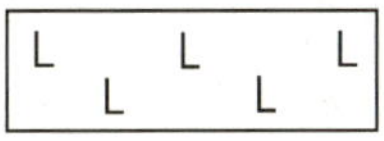	
82		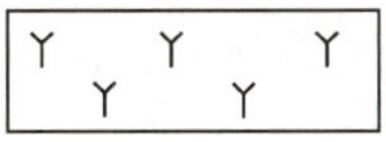	
83		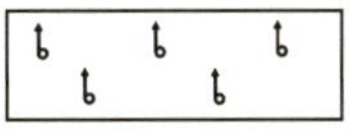	
84		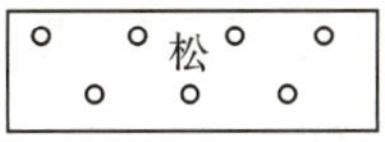	
85		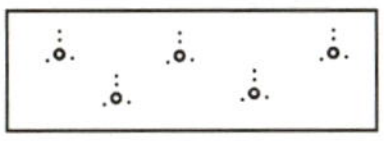	
86			
87			
88			
89			
90		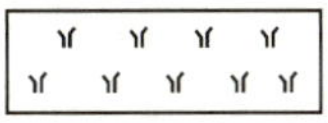	
91		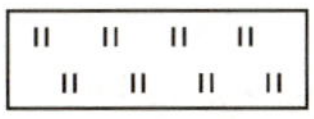	
92		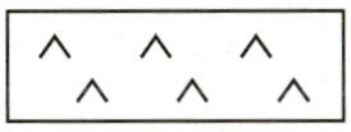	
93		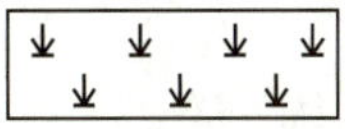	
94		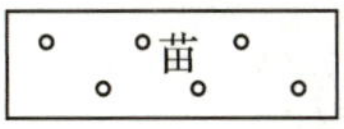	

8. 等高线的定义是(　　)。

A. 地面上相邻点高程连线　　B. 地面上高程相同连线

C. 地面上高程相同的相邻点连线　　D. 地面上等高点连线

9. 下列名词属于按等高线用途分的是(　　)。

A. 首曲线　　B. 山脊线　　C. 山谷线　　D. 示坡线

10. 基本等高线又称为(　　)。

A. 首曲线　　B. 计曲线　　C. 间曲线　　D. 助曲线

11. 按基本等高距绘出的等高线称为(　　)。

A. 计曲线　　B. 间曲线　　C. 首曲线　　D. 助曲线

12. 在地形图中,为了计算高程方便而加粗的曲线是(　　)。

A. 计曲线　　B. 助曲线　　C. 间曲线　　D. 首曲线

13. 在地形图中,从高程计算面开始每间隔(　　)根基本等高线加粗的等高线称为计曲线。

A. 3　　B. 4　　C. 5　　D. 2

14. 在地形图上,等高距为 1 m,则下列需加粗的等高线为(　　)m。

A. 26　　B. 27　　C. 29　　D. 30

15. 地形图上有 27 m、28 m、29 m、30 m、31 m、32 m、33 m、34 m、35 m 等相邻等高线,则计曲线为(　　)。

A. 29 m、34 m　　B. 28 m、33 m　　C. 30 m、35 m　　D. 27 m、32 m

16. 一组闭合的等高线是山丘还是盆地,可根据(　　)来判断。

A. 助曲线　　B. 首曲线　　C. 间曲线　　D. 高程注记

17. 在地形图上等高线重合在一起的地形是(　　)。

A. 高原　　B. 山地　　C. 山谷　　D. 陡崖

18. 下列关于等高线地形图的叙述,正确的是(　　)。

A. 等高线是地面上相邻点各点的连线

B. 同一条等高线上各点的高程一定相等

C. 不同的等高线一定不能相交

D. 等高线越密集的地方,地面坡度一定越缓

19. 同一幅地形图内,等高线平距越大,表示(　　)。

A. 等高距越大　　B. 地面坡度越陡　　C. 等高距越小　　D. 地面坡度越缓

20. 关于等高线,下列说法错误的是(　　)。

A. 等高线上各点高程相等　　B. 等高线是闭合的

C. 等高线不能重合或相交　　D. 等高线与山脊线或山谷线相垂直

21. 等高线具有哪些特性(　　)。

A. 除陡崖外等高线不能相交　　B. 等高线有的闭合有的不闭合

C. 山脊线不与等高线正交　　D. 等高线平距与坡度成正比

22. 山脊线也称(　　)。

A. 示坡线　　B. 集水线　　C. 山谷线　　D. 分水线

23. 集水线也称(　　)。

A. 示坡线　　B. 山脊线　　C. 山谷线　　D. 分水线

24. 山脊与山谷的等高线在凸起部分与山脊线、山谷线(　　)。

A. 重合　　B. 平行　　C. 正交　　D. 斜交

25. 在一幅图上，等高距是(　　)。

A. 相等的　　B. 不相等的　　C. 不一定相等的　　D. 以上说法都不对

26. 在一幅图上，等高线平距是(　　)。

A. 可能相等的　　B. 一定不相等的　　C. 一定相等的　　D. 只有一个值

27. 下面哪种说法是错误的(　　)。

A. 等高线在任何地方都不会相交　　B. 等高线一定是闭合的连续曲线

C. 同一等高线上点的高程相等　　D. 等高线与山脊线、山谷线正交

28. 等高距是两相邻等高线之间的(　　)。

A. 高程之差　　B. 平距　　C. 间距　　D. 斜距

29. 以下说法正确的是(　　)。

A. 表示山谷的等高线可以重叠　　B. 表示山脊的等高线可以重叠

C. 表示鞍部的等高线可以重叠　　D. 表示断崖的等高线可以重叠

30. 下列说法正确的是(　　)。

A. 山脊线也被称为示坡线　　B. 山脊线也被称为集水线

C. 山脊线也被称为山谷线　　D. 山脊线也被称为分水线

第5章 地形图的应用

§5.1 地形图的判读

判读地形图，就是了解图上的各种符号、轮廓线、数字和文字说明注记等所表达的内容，并将其与实地情况相联系。地形图的判读分为室内判读和野外判读。

5.1.1 地形图应用中的度量单位

地形图应用时会涉及长度、面积、体积和角度的计算，经常用到的度量单位如下：

1. 长度单位

我国测量工作中法定的长度计量单位为 m(米)，所以实地距离、坐标单位都采用 m(米)及其倍数(如毫米、厘米、千米等)为单位，过远距离可采用 km(千米)为单位进行表述，图上距离一般采用 cm(厘米)为单位。换算关系为

1 m(米)=10 dm(分米)=100 cm(厘米)=1 000 mm(毫米)

1 km(千米)=1 000 m(米)

2. 面积单位

我国测量工作中法定的面积计量单位为 m^2(平方米)，大面积则用 hm^2(公顷)或 km^2(平方千米)，涉及土地面积的计算常采用亩为面积单位。换算关系为

1 m^2(平方米)=100 dm^2(平方分米)=10 000 cm^2(平方厘米)

=1 000 000 mm^2(平方毫米)

1 亩=10 分=666.666 7 m^2

100 m^2(平方米)=0.15 亩

1 hm^2(公顷)=10 000 m^2(平方米)=15 亩

1 km^2(平方千米)=100 hm^2(公顷)=1 500 亩

3. 体积单位

我国测量工作中法定的体积计量单位为 m^3(立方米)，口语中常简称“立方”或“方”。

4. 角度单位

工程应用当中常用的角度单位有 60 进制的度分秒制和 10 进制的弧度制，测量工作中因为测量仪器，角度单位常使用 60 进制的度分秒。

1 圆周=360°(度)，$1^\circ=60'$(分)，$1'=60''$(秒)

5.1.2 地形图的室内判读

地形图的室内判读，主要是了解图名、图号、比例尺、接图表、内外图廓、坐标格网注记等内容，有的地形图上还注有坡度尺、三北方向等。

在外图廓外侧注有本图幅成图方法和时间、等高距、坐标系统和高程系统、测图单位等说明文字，判读时应认真阅读这些内容。

地物的判读主要是根据地物符号和有关注记，了解地物的分布和地物的位置，关键是熟悉地物符号；地貌的室内判读主要是确定图幅范围的基本地貌形态及特殊地貌位置。要根据等高线判读山顶、山脊、山谷、鞍部、山坡、洼地等基本地貌形态，并根据特定的符号判读冲沟、峭壁、悬崖、陡坎等特殊地貌，同时根据等高线的密集程度来分析地面坡度的变化情况。除判读各种地物和地貌外，还应根据图上配置的各种植被符号和注记说明，了解植被的分布、类别特征、面积大小等。

5.1.3　地形图的野外判读

1. 地形图的定向

野外使用地形图时，首先要使地形图的方位与实地东西南北方位一致。常用的定向方法有两种：

(1)用罗盘按坐标纵线或磁子午线定向。按坐标纵线定向，应将罗盘(或罗针)的零直径与图上任意坐标纵线重合，然后转动地形图，使磁针北端指到当地的磁偏角的分划值为止(注意东偏或西偏)，如图 5.1(a)所示。

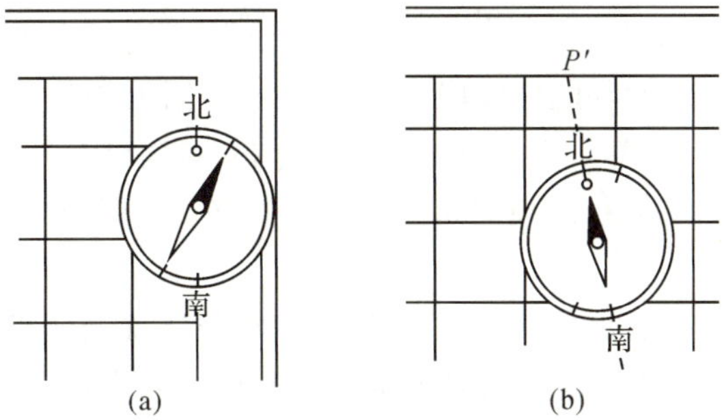

图 5.1　利用罗盘确定地形图方位

若按磁子午线 PP' 定向，则将罗盘(或罗针)的零直径与图上磁子午线重合，转动地形图与磁针零直径一致，这时地形图的方位便与实地方位一致，如图 5.1(b)所示。

(2)根据直线路段、其他直线形地物及明显方位物定向，这种方法类似测图中的由已知直线定向，其具体操作方法如下：

先将地形图北图廓大致朝北，再将直尺放在地形图的直线路段上，并顺着直尺边缘瞄准地面，然后将地形图与直尺一起转动，使实地直线路段和图上相应的直线路段平行。这时，地形图方位与实地一致，如图 5.2 所示。

图 5.2　利用地物确定地形图方位

2. 在地形图上确定站立点位置

为了在地形图上确定站立点的位置，最简便、准确的方法就是把站立点选择在地形图上已描绘出的明显地物(或地貌)特征点附近，如图 5.3 中的 *a* 点。

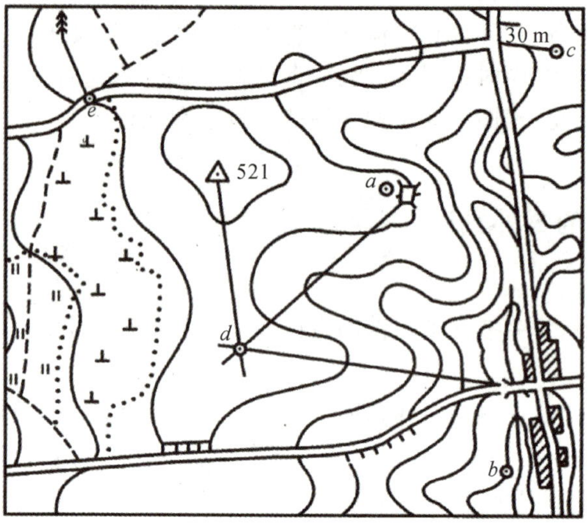

图 5.3 确定站立点

如果站立点不在地物点上，可根据图上绘有的站立点附近的几个明显地物点，以目估方法估出该站立点在图上位置，如图 5.3 中的 *b* 点；如果站立点附近只有个别地物(如图 5.3 中的 *c* 点)，则可直接丈量地面地物点(如道路、交叉点)至站立点的距离，按地形图比例尺即可确定该站立点在图上的位置。

当站立点附近没有明显地物时，可选择远处图上点位明确的明显地物、地貌特征点(如桥梁、三角标、山顶等)，以图解后方交会法来确定站立点在图上位置，如图 5.3 中的 *d* 点。如果站立点位于线形地物上，只需画一条方向线与该线形地物相交，其交点即为站立点在图上点位，如图 5.3 中的 *e* 点。

交会法定点一般采用罗盘测角后方交会法，即先在站立点上用罗盘测定至两明显目标的反方位角，然后在图上通过目标点的图上点位，依所测角值画出方向线，两方向线的交点即站立点。一般应选择第三个目标，画出第三条方向线以资检核。

3. 地形图的判读

在完成了地形图定向和站立点定点工作以后，便可进行地形图的野外判读工作。通过把图上内容与实地相对照，建立图上符号与实际地物、地貌的一一对应关系，还可根据地形图沿指定的路线进行踏勘或进行其他作业。

§5.2 地形图应用的基本内容和方法

5.2.1 点位的坐标量测

在大比例尺地形图上，都绘有纵、横坐标方格网(或在方格的交点处绘一“十”字线)，如

图 5.4 所示。欲从图上求 A 点的坐标时，可先通过 A 点做坐标格网的平行线 mn 和 pq，再按图的比例尺量出 mA 和 pA 的长度，则

点位的坐标量算课件　点位的坐标量算视频

$$x_A = x_0 + mA$$

$$y_A = y_0 + pA$$

式中，x_0、y_0 为该点所在方格西南角点的坐标(图中，$x_0 = 500$ m，$y_0 = 1\ 200$ m)。

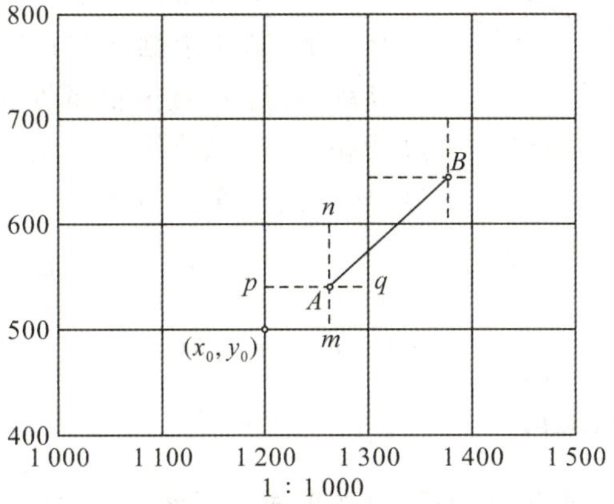

图 5.4　点的平面位置量测

如果考虑图纸伸缩的影响，则还需量出该点所在方格的实际长宽 mn 和 pq。若 mn 和 pq 不等于坐标格网的理论长度 l(一般为图上 10 cm)，则 A 点的坐标应按下式计算

$$x_A = x_0 + \frac{l}{mn} \cdot mA$$

$$y_A = y_0 + \frac{l}{pq} \cdot pA$$

5.2.2　两点间的距离和方位角测量

1. 两点间的距离量测

当需要确定图上 A、B 两点间的水平距离 D 时，可以根据已求得的 A、B 两点的坐标值 x_A、y_A 和 x_B、y_B 用下式计算，即

$$D_{AB} = \sqrt{(x_B - x_A)^2 + (y_B - y_A)^2}$$

如果 A、B 两点的坐标按上式计算而得，则这样量算而得的水平距离改正了图纸伸缩的影响。当量测距离的精度要求不高时，则可以用比例尺直接在图上量取。

2. 直线的方位角量测

如图 5.4 所示，欲求直线 AB 的方位角，先量测 A、B 两点的坐标，再用坐标反算公式计算 AB 边的方位角，即

$$\alpha_{AB} = \arctan\left(\frac{y_B - y_A}{x_B - x_A}\right)$$

当精度要求不高时，可以通过 A 点做平行于坐标纵轴的直线，然后用量角器直接在图上量取 AB 的方位角 α_{AB}。

5.2.3 求点的高程

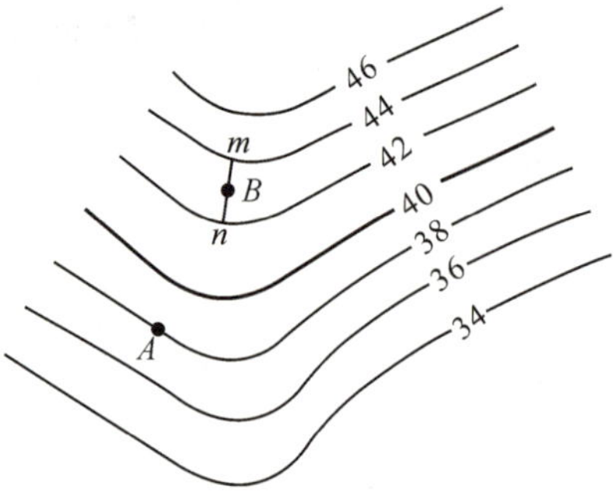

图 5.5 比例内插法求点的高程

点位的高程量算课件　点位的高程量算视频

依据等高线可求得地形图上点的高程。如图 5.5 所示，A 点正好位于等高线上，则 $H_A=38$ m；若所求点不在等高线上，则应根据比例内插法确定其高程。欲求 B 点高程，先过 B 点做相邻两条等高线的近似垂线，与等高线相交于 m、n 两点，再在图上量取 nm 和 nB 的长度，按下式计算 B 点高程

$$H_B=H_n+\frac{nB}{nm}h$$

式中，h 为等高距。

5.2.4 求两点间的坡度

求出直线的长度及两端点的高程后，可按下式计算该直线的平均坡度为

$$i=\frac{h}{d\cdot M}=\frac{h}{D}$$

式中，d 为图上直线长，M 为地形图比例尺分母，h 为直线两端点高差，D 为直线的实地水平距离。

坡度 i 通常采用百分率(%)或千分率(‰)表示。如果地形图上附有坡度尺，也可用坡度尺来确定任意两点的坡度。

5.2.5 面积量算

面积量算方法很多，主要有几何图形法、解析法、求积仪法及光电面积扫描法等。

1. 几何图形法

若图形是由直线连接的多边形，可将其分成若干简单的几何图形，如三角形、矩形、梯形等，量取图形元素(长、宽、高)，计算各简单几何图形的面积，汇总后得多边形面积。

2. 解析法

当欲求面积图形为任意多边形，且各顶点坐标已知时，可用解析法计算面积。此法精度高、计算简便。

如图 5.6 所示，$ABCD$ 为任意四边形，顶点按顺时针编号，其坐标分别为(x_1,y_1)、(x_2,y_2)、(x_3,y_3)、(x_4,y_4)，各顶点向 x 轴投影得 A'、B'、C'、D'点，则四边形 $ABCD$ 的面积等于 $C'CDD'$的面积加 $D'DAA'$的面积减去 $C'CBB'$和 $B'BAA'$的面积，即

$$P=\frac{1}{2}\left[x_1(y_2-y_4)+x_2(y_3-y_1)+x_3(y_4-y_2)+x_4(y_1-y_3)\right]$$

若图形为 n 边形，则可得面积计算通式为

$$P=\frac{1}{2}\sum_{i=1}^{n}x_i(y_{i+1}-y_{i-1})$$

$$P=\frac{1}{2}\sum_{i=1}^{n}y_i(x_{i-1}-x_{i+1})$$

式中，当 $i=n$ 时，$x_{n+1}=x_1$，$y_{n+1}=y_1$；当 $i=1$ 时，$x_{i-1}=x_n$，$y_{i-1}=y_n$（$i=1,2,\cdots,n$）。

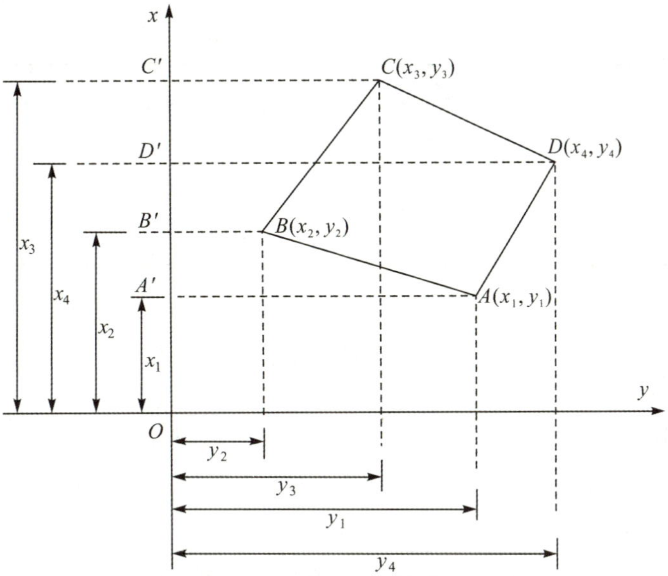

图 5.6　解析法求多边形面积

多边形顶点按逆时针编号时，面积值为负，取其绝对值为最后结果。

5.2.6　绘制地形断面图

在道路、管道等线路工程设计中，为了合理地确定线路的纵坡进行填挖土（石）方量的概算，需详细了解沿线路方向的坡度变化情况，为此常根据大比例尺地形图的等高线绘制沿线方向的断面图。如图 5.7(a)所示，若要绘制 MN 方向的断面图，具体步骤如下：

(1)在方格计算纸上绘制一直角坐标系。横轴表示水平距离，其比例尺与地形图比例尺一致；纵轴表示高程，其比例尺一般为水平距离比例尺的 10～15 倍，以便明显地反映地面起伏情况。

(2)在纵轴上标注高程，在横轴上适当位置标出 M 点。将直线 MN 与各等高线的交点 a、b、…、p 及 N 点按其距 M 点的平距依比例转绘在横轴上。

(3)根据横轴上各点相应高程，在坐标系中标出相应点位。

(4)将 MN 线上的点用圆滑曲线依次连接，得 MN 的断面图，如图 5.7(b)所示。

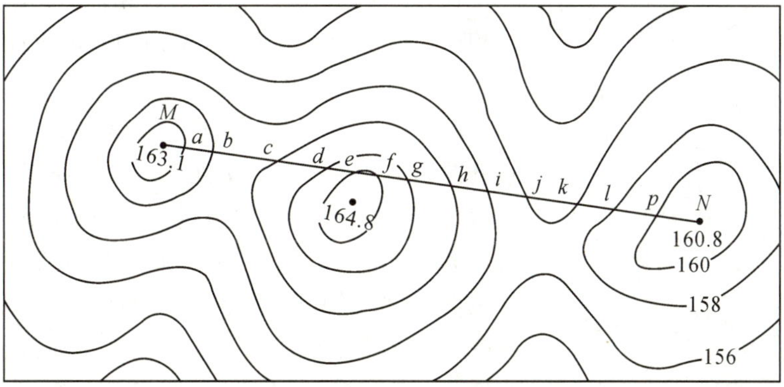

(a)

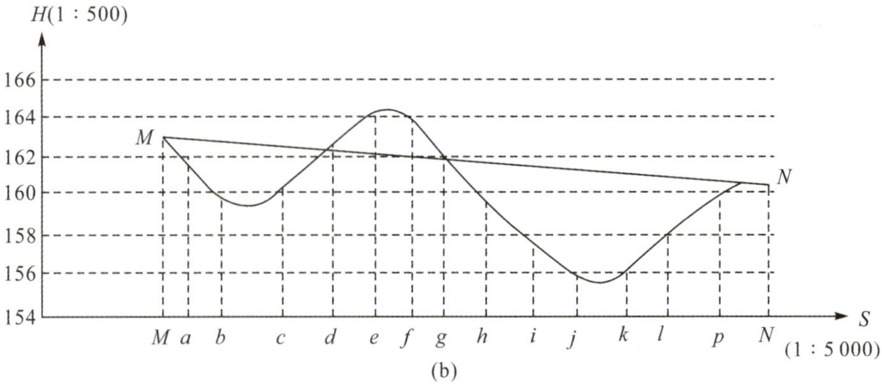

图 5.7　绘制地形断面图

5.2.7　按规定选线

道路、管线等工程设计中，必须在地形图上按规定坡度选出一条最短路线，然后综合考虑其他因素，获得最佳设计路线。

如图 5.8 所示，欲在 A 和 B 两点间选定一条坡度不超过 i 的线路，设图上等高距为 h，地形图的比例尺为 $1/M$，可得线路通过相邻两条等高线的最短距离为

$$d=\frac{h}{i\cdot M}$$

在图上选线时，以 A 点为圆心、以 d 为半径画弧，交 84 m 等高线于 1、1′两点，分别以 1、1′两点为圆心、以 d 为半径画弧，交 86 m 等高线于 2、2′两点，依次画弧直至 B 点。将相邻的交点依次连接起来，便可获得几条同坡度线，最后通过实地调查比较，从中选出一条最合理路线。作图过程中，若圆弧与等高线不能相交，说明该处坡度小于指定坡度，此时，可按最短距离定线。

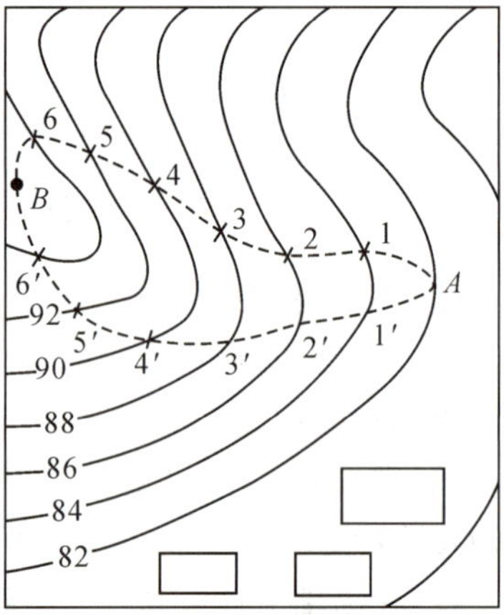

图 5.8　选择最佳路线

5.2.8　确定汇水区域

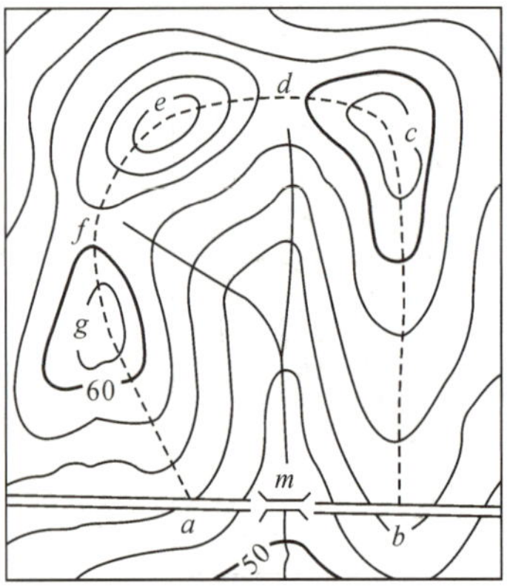

图 5.9　确定汇水区域

在设计桥梁、涵洞和排水管道时，都需要知道有多大面积的雨水汇聚到这里，这个面积叫汇水面积。

由于雨水是沿山脊线（分水线）向两侧分流的，因此汇水区域由一系列分水线连接而成。如图 5.9 所示，若一条公路跨越山谷，拟在 m 处架一桥梁或修一涵洞，则必须了解此处的汇水量。欲确定汇水量，应先确定汇水面积的边界线。图 5.9 中分水线 bc、cd、de、ef、fg、ga 与公路上的 ab 所围成的闭合图形的面积即为所求的汇水面积。用 5.2.5 节介绍的方法求出汇水面积，再结合气象水文资料，可确定流经公路 m 处的水流量。

5.2.9　平整场地中的土方计算

1. 等高线法

当场地地面起伏较大，且仅计算土方量时，可采用等高线法。这种方法是从场地设计的等高线开始，算出各等高线所包围的面积，分别将相邻两条等高线所围面积的平均值乘以等高距，就是该两条等高线平面间的土方量，再求和即得总挖方量。

如图 5.10 所示，地形图等高距为 1 m，平整场地的设计高程为 74.5 m，首先在图中内插设计高程 74.5 m 等高线，然后分别求出 74.5 m、75 m、76 m、77 m 四条等高线所围成的面积 $A_{74.5}$、A_{75}、A_{76}、A_{77}，即可算出每层土方量为

$$V_1=\frac{1}{2}(A_{74.5}+A_{75})\times 0.5$$

$$V_2=\frac{1}{2}(A_{75}+A_{76})\times 1$$

$$V_3=\frac{1}{2}(A_{76}+A_{77})\times 1$$

$$V_4=\frac{1}{3}A_{77}\times 0.6$$

总挖方量为

$$\sum V_W=V_1+V_2+V_3+V_4$$

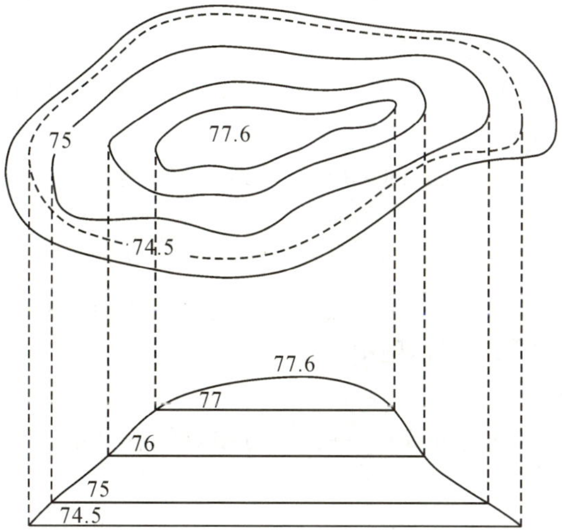

图 5.10　等高线法计算土方

2. 断面法

求出各断面图由设计高程线围成的填、挖方面积，然后计算相邻断面间的土方量，最后求和得到总挖方量和填方量。

如图 5.11 所示，地形图比例尺为 1∶1 000，等高距为 1 m，在矩形范围欲修建一段道路，其设计高程为 47 m。为求土方量，先在地形图上绘出互相平行、间隔为 l(一般桩距)的断面方向线 1-1、2-2、…、6-6；按一定比例尺绘出各断面图，并将设计等高线绘制在断面图上(1-1、2-2

断面），如图 5.11 所示。然后在断面图上分别求出各断面设计高程线与断面图所包围的填土面积 A_{Ti} 和挖土面积 A_{Wi}（i 表示断面编号），最后计算两断面间土方量。

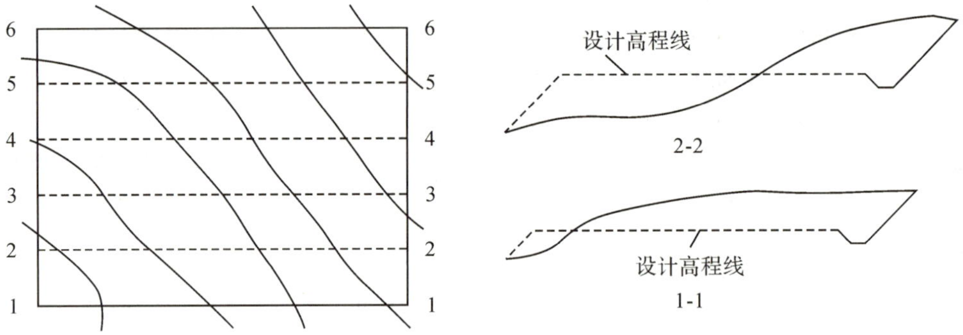

图 5.11　断面法计算土方

例如，1-1 和 2-2 两断面间的土方为

填方量

$$V_T=\frac{1}{2}(A_{T1}+A_{T2})l$$

挖方量

$$V_W=\frac{1}{2}(A_{W1}+A_{W2})l$$

同理依次计算出每相邻断面间的土方量，最后将填方量和挖方量分别累加，即得到总土方量。

3. 方格网法

进行场地平整时，为选择既合理又经济的最佳方案，经常会用方格网法估算土石方工程量。

如图 5.12 所示，欲将 40 m 见方的 $ABCD$ 坡地平整为某一高程的平地，要求填、挖方量平衡。步骤如下所述。

1）绘制方格网

方格的大小取决于地形的复杂程度、地形图比例尺和土石方量概算的精度。一般小方格的实地边长以取 10 m 或 20 m 为宜，图中为 10 m。

2）求各方格网点高程

用目估法求出各方格点的地面高程，并注于方格点的右上角。

3）计算设计高程

一般以平均高程作为设计高程，即

$$H_{设}=\frac{\sum H_1+2\sum H_2+3\sum H_3+4\sum H_4}{4n}$$

式中，H_1 为一个方格的顶点，即外转角点，如图 5.12 中的 A、B、C、D 四个点；H_2 为两个方格的公共顶点，即边线点，如图 5.12 中 a、b、c、…、l 等 12 个点；H_3 为三个方格的公共顶点，即内转角点；H_4 为四个方格的公共顶点，即方格内部中心点，如图 5.12 中的点 1、2、3、…、9 等 9 个点。n 为方格个数。计算得出图 5.12 的设计高程为 71.9 m。

4）绘制填、挖边界线

根据 $H_{设}$ = 71.9 m，在地形图上用内插法绘出 71.9 m 等高线，该线就是填、挖边界线，见

图 5.12 中标短线的等高线。

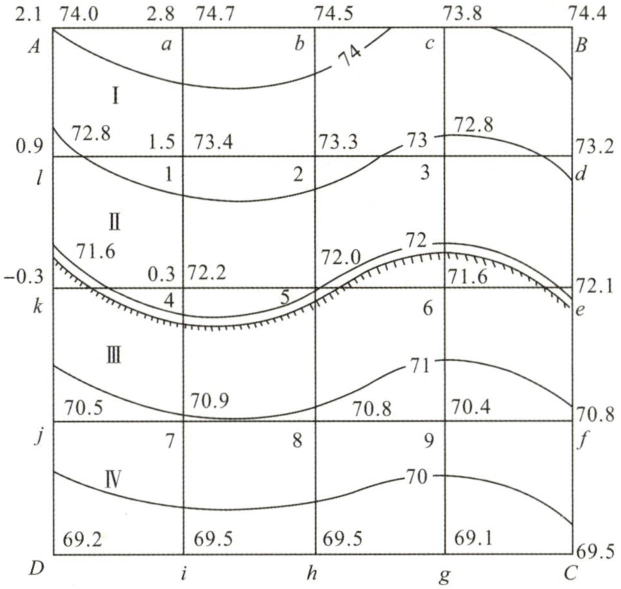

图 5.12　方格网法计算土方

5)计算填、挖高度

$$填(挖)高度=地面高程-设计高程$$

按上式计算方格顶点的填、挖高度,标注在对应顶点的左上方。填高为正,挖高为负。

6)计算填、挖方量

计算填、挖方量分两种情况:一种是整个方格都是填方或都是挖方,如图 5.12 中的方格Ⅰ或Ⅳ;另一种是既有填方又有挖方,如图 5.12 中方格Ⅱ或Ⅲ。

设 $V_{Ⅰ挖}$ 为方格Ⅰ的挖方量,$V_{Ⅱ挖}$ 和 $V_{Ⅱ填}$ 分别为方格Ⅱ的挖方量和填方量,则有

$$V_{Ⅰ挖}=A_{Ⅰ挖}\times\frac{2.1+2.8+0.9+1.5}{4}=1.825\times A_{Ⅰ挖}$$

$$V_{Ⅱ挖}=A_{Ⅱ挖}\times\frac{0.9+1.5+0+0+0.3}{5}=0.54\times A_{Ⅱ挖}$$

$$V_{Ⅱ填}=A_{Ⅱ填}\times\frac{0+0+(-0.3)}{3}=-0.1\times A_{Ⅱ填}$$

式中,$A_{Ⅰ挖}$ 为方格Ⅰ的挖方面积;$A_{Ⅱ挖}$、$A_{Ⅱ填}$ 分别为方格Ⅱ的挖方面积和填方面积。

课程思政拓展阅读

材料 1:对任何图纸判读和应用都需要以一种认真的态度去完成。根据比例的公式换算,在 1∶1 万比例尺的地形图上量取距离时,如果图上出现 1 cm 的偏差,在实地就会造成 100 m 的偏差,可能会造成不可估量的后果。我们看下面两个案例。

案例 1:某施工单位在管段内的特大桥桩基施工过程中,造成该特大桥 42#～46#墩台、51#～59#墩台,共 14 个墩台的 116 根钻孔桩整体向线路左侧偏移了 2 m。

原因分析：技术人员对设计图纸未进行认真审核，设计图纸中明确左线作为控制线，测量人员错误地将左线当成线路中线进行坐标计算及测量放样，造成钻孔桩偏移。项目部测量人员配备不足且工作年限较短，缺乏相关施工经验，未执行测量复核制度。

案例 2：某施工单位施工桥梁，其中一根钻孔桩侧偏 1 m。

原因分析：通过分析计算理论坐标和放样使用坐标发现，该钻孔桩的理论坐标计算无误，现场放样使用坐标也无误。但因该坐标数据正好处于坐标表的折缝处(数字不清)，现场技术员在放样过程中误将 Y 坐标个位数 5 看成 6，桩位复核时，另外一技术员也误将 5 看成 6 导致。

参考资料：涉密无小事，案析涉密数字化测绘成果的保密管理（2021-08-22）。网址：https://www.sohu.com/a/484889852_121123740。

材料 2：据新华社报道，孟泰，1898 年出生，河北丰润人。1926 年到鞍山，同年进入日本人经营的鞍山制铁所的炼铁厂当配管学徒工。1949 年加入中国共产党。历任配管组组长、技术员、炼铁厂副厂长、鞍钢工会副主席等职。

东北解放初期，党中央要求鞍钢迅速恢复生产。面对经过战争摧残几近废墟的钢厂，老工人孟泰勇敢地站了出来，带领工友献交器材、刨开冰雪收集废旧零件，把日伪时期遗留下来的几个废铁堆翻了个遍，硬是在物资极度匮乏的情况下，建成了当时著名的“孟泰仓库”，没有花国家一分钱，就实现了鞍钢高炉恢复生产，为新中国钢铁工业奠定了雏形。

孟泰爱厂如家，钻研苦干。抗美援朝时期，鞍钢受到敌机和暗藏敌特的威胁，孟泰撇家舍业，背来行李睡在高炉旁，誓死保卫高炉安全，被誉为“高炉卫士”。新中国成立初期，孟泰组织全厂各方面人员进行联合攻关，先后解决了十几项技术难题，自制成功大型轧辊，填补了我国冶金史上的空白。

1950 年、1956 年、1959 年，孟泰多次被评为全国劳动模范，是中国工会第七、第八次全国代表大会执行委员。作为第一、二、三届全国人民代表大会代表，孟泰曾多次受到党和国家领导人接见。

对党忠诚，对人民赤诚，孟泰始终心系钢厂与职工。在遭受三年严重自然灾害的日子里，为了使工人保持体力不影响生产，他把几个女儿靠挖野菜喂养大的两头猪送到厂里，为职工改善伙食；在一批职工因没有床位而不能住院治疗的时候，他买来废钢管，组成青年突击队自制铁床，既缓解了燃眉之急，还节省了费用。在他担任鞍钢炼铁厂副厂长的八年中，被工人们称为“身不离劳动，心不离群众的干部”。

1967 年 9 月，积劳成疾的孟泰在北京病逝。然而，孟泰精神却在鞍钢和鞍山市扎了根，《孟泰报》、孟泰奖章、孟泰雕塑、孟泰公园……半个多世纪过去了，“老英雄”仍向人们无声地诠释着劳动的价值和奋斗的意义。

参考资料：吉林日报. 数风流人物｜孟泰：劳模精神永放光芒（2021-05-30）。网址：https://baijiahao.baidu.com/s?id=1701153120461663078&wfr=spider&for=pc。

材料 3：据《中国自然资源报》报道，第一台国产解析测图仪、全数字摄影测量工作站、第一台国产数字航空摄影仪、国产车载激光建模测量系统……作为多个具有开创意义的国产测绘仪器的研制者，刘先林在测绘领域“闯”了半个多世纪，亲身经历了我国国产测绘装备从无到有、代替进口的历史，见证了我国测绘地理信息事业的快速发展。如何服务城市精细化管理？如何助力智慧城市建设？已经八十多岁的他，还在思考着测绘领域最新的科研问题。实体三维测绘，是他和团队正在研究的新课题。实体三维的生产方式是要利用空、天、地、网，CPU（中央处理器）、GPU（图形处理器）双并行云计算和人工编辑，利用计算机进行大数据分析并产出知识。

"我们想通过卫星实现自然资源的动态监测，以有结构的数据直接生产出三维的监测结果，也就是实体三维的监测。"刘先林介绍，他和团队重点研究的方向之一，就是利用实体三维监测，助力自然资源部的"两统一"职能履行。

在刘先林眼中，智慧城市就是用真实的数据和科学的决策，使城市运行在最优状态，发展得更绿色、更可持续、更幸福。

"我们现在正在研究的就是如何生产出结构化的时空大数据，可以为智慧城市提供城市多要素结构化实体模型，也就是城市全息三维，有结构的街景模型，让数据'说话'，产生科学的决策。"刘先林介绍，利用城市的全息三维作为基础数据计算城市的各类综合指数，如城市交通拥堵指数、城市热效应指数分布、城市5G信号强度指数等。"新测绘可以给城市看'病'，让城市更健康。"

智慧交通、智慧高铁站、智慧旅游、智慧医疗，在刘先林看来，测绘行业将迎来一次大的变革，国产测绘仪器更要抓住机遇。

20世纪80年代，我国90%的测绘仪器都依赖进口。在与外商打交道的过程中，漫天要价、白眼歧视，这些遭遇让刘先林既痛心又窝火。

"为什么就不能研制出自己的精密仪器？我们中国人并不比外国人笨，一定要有勇气赶超世界先进水平。"下定决心，刘先林义不容辞地扛起了测绘仪器自主创新的责任。

当时一没有现成图纸，二没有参考资料，三没有足够的资金支持，每往前走一步，都将面对着无数鲜为人知的坎坷和荆棘。

1968年，为了解决空中三角测量程序中的一个难题，他在机房连续工作了三天三夜。1988年春节，助手们都回家了，他整个春节期间在实验室连续焊接了几百个焊点，累得直不起腰……凭借这股在科研路上坚韧不拔、锲而不舍的精神，他越过了自主创新之路的重重关山，四次获得国家科技进步奖，其中两次获得一等奖。

"如果在实验室作出成果就束之高阁，最多只是用老百姓的钱证明了自己的能力。"刘先林说，"技术创新不是为了著书立说，更重要的是将科研成果转化为现实生产力，能够在国家的发展中发挥作用。"

1988年，他主持研制出JX-3解析测图仪，结束了我国解析测图仪全部进口的历史，并一举夺回国内市场。

1998年，刘先林凭着大胆的预判，又研制出JX-3换代产品——JX-4数字摄影测量工作站。JX-4的问世，成为我国模拟测图向数字化测图转变的里程碑。刘先林又带领同行一起进行推广，使国产航测系统占据了90%以上的国内市场，并成功出口海外。

2007年，刘先林带领团队又研制出一款划时代的数字化测绘产品——SWDC数字航空摄影仪。如今，SWDC系列数字航摄仪已经占领国内一半以上的市场份额，在我国如火如荼的实景三维建设中发挥着重要作用。

2010年以后，他一直在研究SSW车载激光建模测量系统。这套系统达到国际先进水平，已经广泛应用于道路测量、地籍测量、违建调查等诸多领域。通过云计算，这套系统可以实现结构化模型街景数据的快速生产，这对智慧交通、自动驾驶都会产生颠覆性影响，代表了未来测绘地理发展的趋势。

2017年，因为一张照片，78岁的刘先林意外成了亿万网友追捧的“网红”。

那次是他乘坐高铁返回北京，穿着一双旧皮鞋坐在二等座上埋头修改报告。这一幕被同行者拍了下来，并在网上火速传开。网友直呼“又见扫地僧”，称他是“民族脊梁”“大国工匠”。

网友不知，朴素与节俭，是刘先林一贯的作风。中国测绘科学研究院的办公室里，刘先林自1975年开始使用的那套硬木桌椅，已经被他经年累月的伏案磨掉了红色油漆。但就是这样一个“抠门”的人，他多年来的研究成果已为国家节省资金近2亿元。

不认识的人第一眼看到刘先林，一头白发，鼻梁上架着一副厚厚的镜片，笑起来眉眼弯弯，和蔼可亲，有一种邻翁气质。

真正了解他的人，都说他“自带光环”。不是因为他有着首批中国工程院院士、第六届全国人大代表等一堆厉害的头衔，而是他身上散发着一种执着、纯粹的光芒，令人敬仰。

“祖国需要什么，一线需要什么，我们就要研究什么。”1962年刘先林从武汉测绘学院毕业，分配到原国家测绘总局测绘科学研究所（现为中国测绘科学研究院），老所长对他语重心长的这番话语，成了他一生的追求。

从毕业到正式退休，在测绘科研一线工作了58年，他的人生极其简单，只有“科研”两个字——用自己的科研成果武装测绘生产、提高我国测绘科技能力。

打破国外精密测量仪器对我国的封锁，主动肩负起自主创新的重任，数十载潜心研究，刘先林的身体里跳动着的是一颗科技报国的拳拳爱国之心。

参考资料：中国自然资源报. 刘先林：测绘科研一线的“大国工匠”(2020-12-08)。网址：https://www.mnr.gov.cn/zt/kj/kjcxrw/202012/t20201208_2594200.html。

结语

青年一代要树立以辛勤劳动为荣、以好逸恶劳为耻的劳动观，热爱劳动、勤于劳动、善于劳动，向劳模学习，弘扬劳模精神。劳模精神是什么？是爱岗敬业、争创一流，艰苦奋斗、勇于创新，淡泊名利、甘于奉献。在劳模身上，体现了一以贯之强烈的主人翁事业心和责任感，勇攀高峰的坚定志向和坚韧品格，崇尚劳动、恪尽职守的高尚情操。在2020年11月24日举行的全国劳动模范和先进工作者表彰大会上，习近平精辟概括了劳模精神、劳动精神、工匠精神的深刻内涵，指出劳模精神、劳动精神、工匠精神是鼓舞全党全国各族人民风雨无阻、勇敢前进的强大精神动力，强调要大力弘扬劳模精神、劳动精神、工匠精神。奋斗新时代、奋进新征程，必须崇敬劳动模范，弘扬劳模精神，积极培养和树立劳动最光荣、劳动最崇高、劳动最伟大、劳动最美丽的社会风尚。

干一行、爱一行，专一行、精一行。大力弘扬工匠精神，工匠精神是在长期实践中形成的执着专注、精益求精、一丝不苟、追求卓越的精神。习近平强调：“各级党委和政府要高度重视技能人才工作，大力弘扬劳模精神、劳动精神、工匠精神，激励更多劳动者特别是青年一代走技能成才、技能报国之路，培养更多高技能人才和大国工匠，为全面建设社会主义现代化国家提供有力人才保障。”习近平强调：“劳模精神、劳动精神、工匠精神是以爱国主义为核心的民族精神和以改革创新为核心的时代精神的生动体现，是鼓舞全党全国各族人民风雨无阻、勇敢前进的强大精神动力。”我们要大力弘扬工匠精神，要有“干一行钻一行”的精益求精，“偏毫厘不敢安”的一丝不苟，“千万锤成一器”的卓越追求……无论从事什么劳动，都要以勤学长知识、以苦练精技术、以创新求突破，努力成为知识型、技能型、创新型劳动者。三百六十行，行行出状元。青年一代要勤学苦练、刻苦钻研、踏实肯干、立足岗位、奋发有为，要以实干笃定前行、以平凡写就伟大、以奋斗开创未来，在全面建设社会主义现代化国家的伟大征程上展示新的拼搏姿态，创造新的发展奇迹，谱写新的奋斗史诗。

综合练习题 5

1. 同一坡度两个地形点高程分别为 21.4 m 和 27.3 m，若等高距为 2 m，通过两点间等高线的高程应为（　　）。
   A. 23.4，25.4　　B. 22.4，24.4，26.4　　C. 23，25，27　　D. 22，24，26
2. 请填写下图所示表示的地貌。

<table>
<tr><td>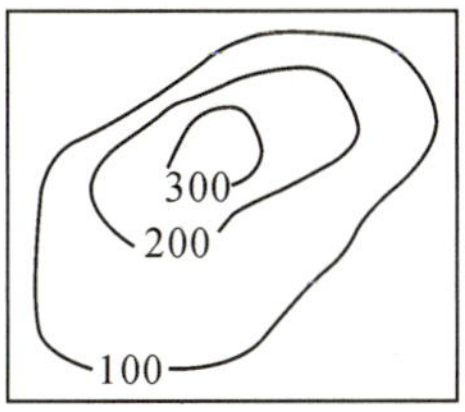
</td><td></td></tr>
<tr><td>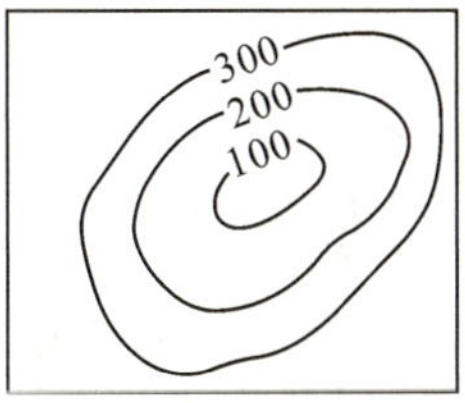
</td><td></td></tr>
<tr><td>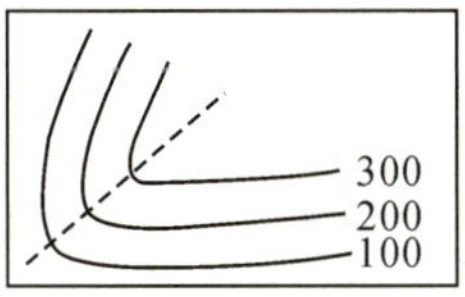
</td><td></td></tr>
<tr><td>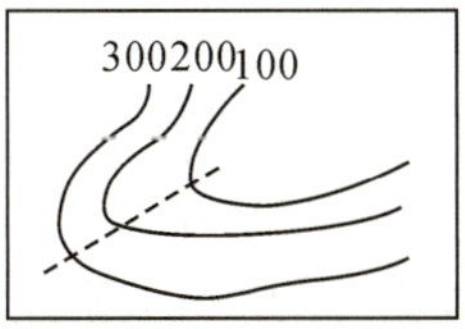
</td><td></td></tr>
</table>

第二版

3. 读下图，填写 1 号框和 2 号框表示的地貌。

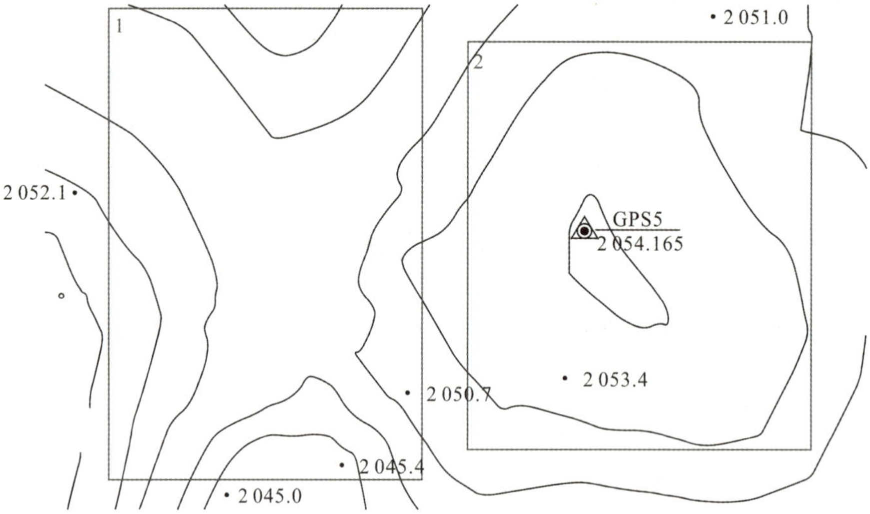

1 号框为______，2 号框为______。

4. 下图中 A、B、C、D 4 个点中，高程最高的是（　　）。

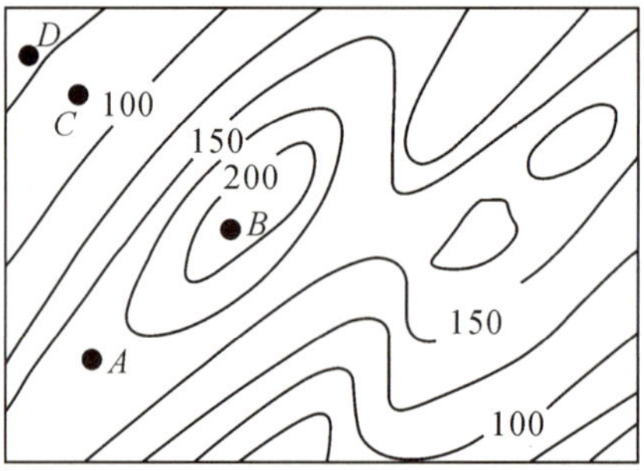

A. A 点　　B. B 点　　C. C 点　　D. D 点

5. 如下图所示，学校外河流位于田径场的（　　）侧。

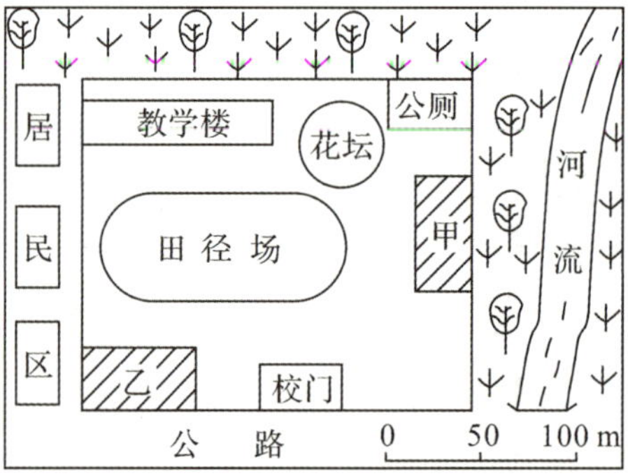

A. 东　　B. 北　　C. 南　　D. 西

6. 图上有两个点，A 点高程为 28.7 m、B 点高程为 30.1 m，等高距为 2 m，则通过 AB 两点间的等高线高程值为（　　）。

A. 28.7 m　　B. 30.1 m　　C. 30 m　　D. 29 m

7. 图上有两个点，A 点高程为 1 931.5 m、B 点高程为 1 935.1 m，等高距为 5 m，则通过 AB 两点间的等高线高程值为(　　)。

A. 1 931.5 m　　B. 1 935.1 m　　C. 1 935 m　　D. 1 932 m

8. 图上 AB 之间的平距为 100 m，则 AB 间的坡度为(　　)。

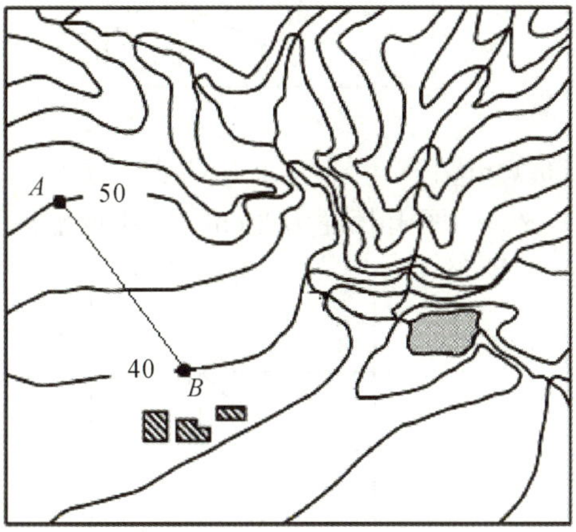

A. 10%　　B. −10%　　C. 1　　D. 0.01

9. 图上 AB 间的平距为 1 000 m，则 AB 间的坡度为(　　)。

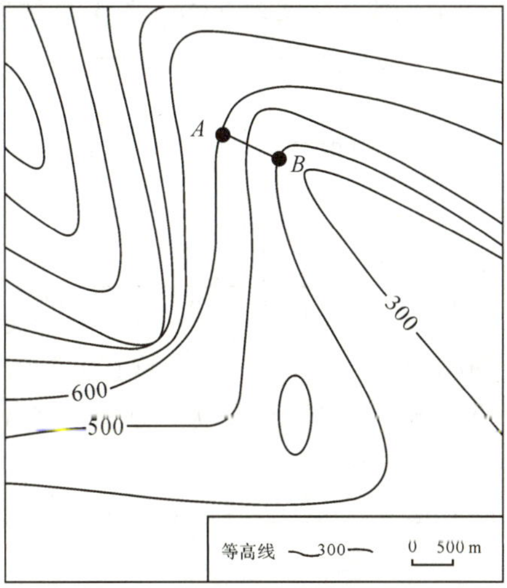

A. 20%　　B. −20%　　C. 10%　　D. −10%

10. 下图为某地形图的一部分，三条等高线所表示的高程如图所示，A 点位于 MN 的连线上，点 A 到点 N、点 M 的图上水平距离为 $MA=3$ mm、$NA=2$ mm，则 A 点高程为(　　)。

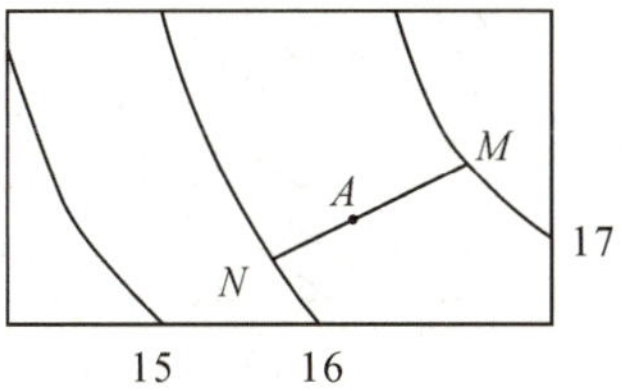

A. 16.4 m　　B. 16.6 m　　C. 17.4 m　　D. 17.6 m

11. 下图为某地形图的一部分，三条等高线所表示的高程如图所示，A 点位于 MN 的连线上，点 A 到点 M、点 N 的图上水平距离为 $MA=6$ mm、$NA=4$ mm，则 A 点高程为(　　)。

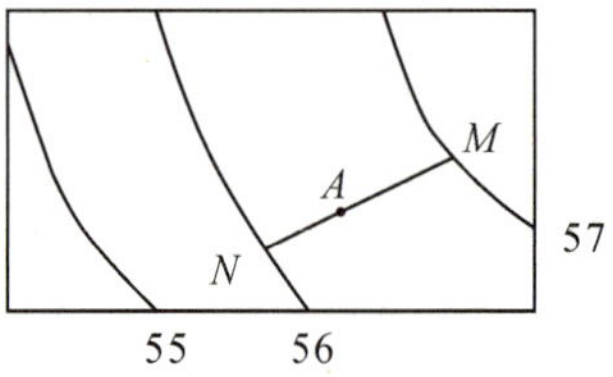

A. 56.4 m　　B. 56.6 m　　C. 57.4 m　　D. 57.6 m

12. 下图比例尺为 1∶1 000，ab、ac 图上长度为 3 cm，则 B 点坐标为(　　)。

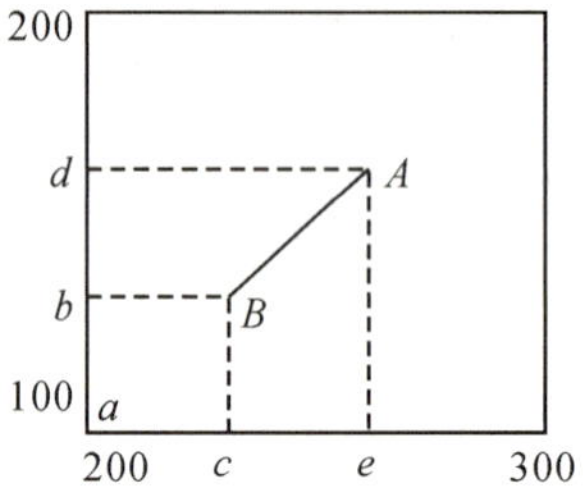

A. (100,200)　　B. (130,200)　　C. (130,230)　　D. (100,230)

13. 下图比例尺为 1∶1 000，ad、ae 图上长度为 6 cm，则 A 点坐标为(　　)。

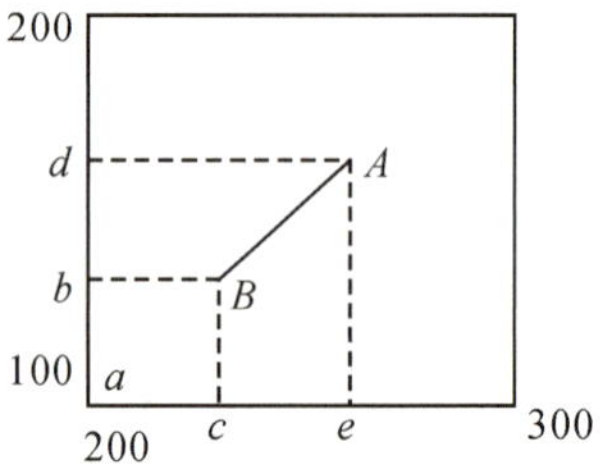

A. (100,200)　　B. (160,260)　　C. (160,200)　　D. (100,260)

14. 地形图上有 1 995 m、1 996 m、1 997 m、1 998 m、1 999 m 等相邻等高线，则计曲线为(　　)。

A. 1 995 m　　B. 1 999 m　　C. 1 997 m　　D. 1 998 m

15. 下图中等高距为(　　)。

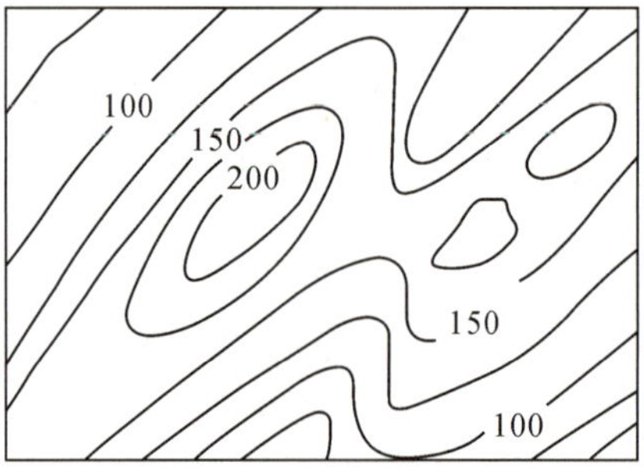

A. 10 m　　B. 100 m　　C. 25 m　　D. 50 m

16. 下面 4 幅图中显示的比例尺为图示比例尺的为(　　)。

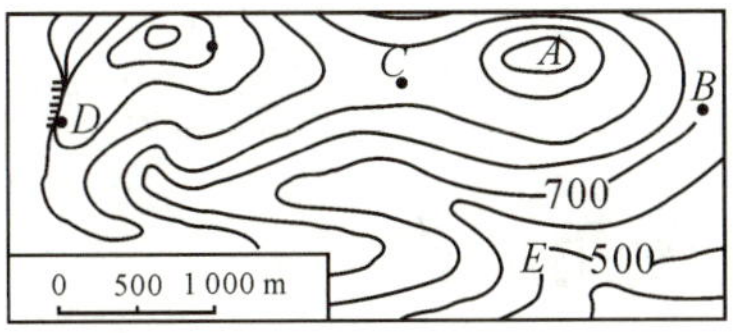

A

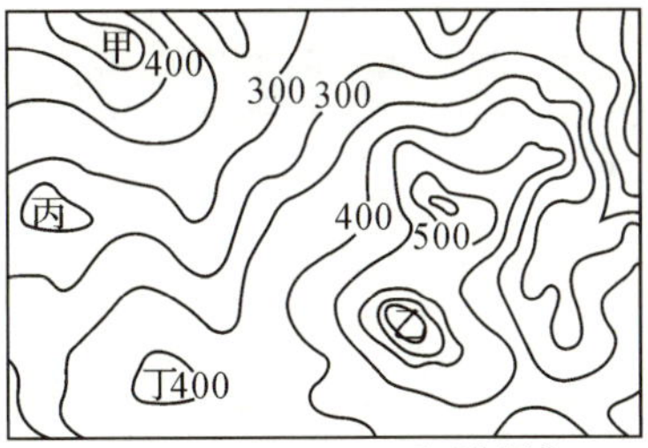

B　1:50 000

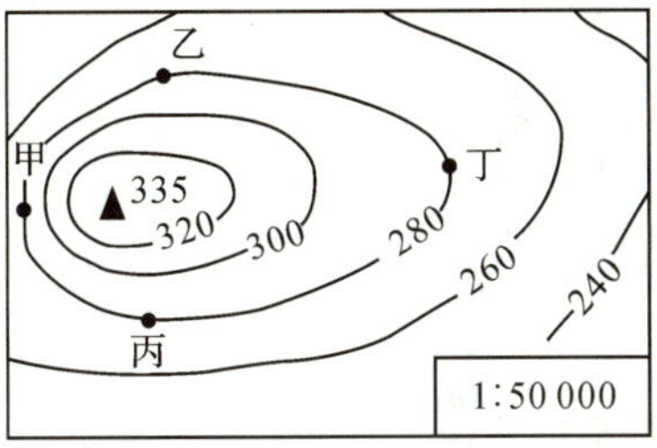

C

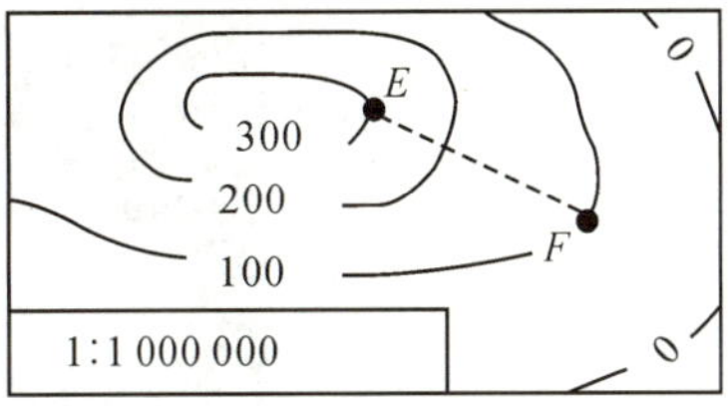

D

17. 辨认等高线是山脊还是山谷，其方法是(　　)。

A. 山脊等高线向外凸，山谷等高线向里凹　　B. 根据示坡线的方向去辨认

C. 山脊等高线凸向低处，山谷等高线凸向高处　D. 山脊等高线较宽，山谷等高线较窄

第 6 章　科学计算器的使用

§6.1　计算器使用状态

使用计算器(图 6.1)时,使用数值计算,选用十进制状态。

图 6.1　计算器示意

6.1.1　学生科学计算器的状态选择

按模式键 MODE 选择计算状态或进制状态。

第一次屏幕显示

COMP	SD	REG
1	2	3
普通计算	标准偏差统计	回归计算

第二次屏幕显示

DEG	RAD	GRAD
1	2	3
十进制(角度制)	弧度	百分率(百度制)

按[MODE]键 2 次，再按 1，则进入十进制(角度制)计算状态，这时在屏幕上会出现 D 的标志。

6.1.2　普通计算器

按[DRG]键，选择进制状态。

直接按[DRG]键，依次在屏幕上会分别显示：DEG、RAD、GRAD，表示十进制、弧度、百分率。要选择 DEG，即在屏幕上看到 DEG 的标志。

§6.2　角度运算及转换

6.2.1　学生科学计算器的角度输入及转换

利用[° ′ ″]键可输入角度并转换。

(1)按角度单位输入键[° ′ ″]，将角度的度、分、秒依次输入。

例如，输入 129°59′26″，操作如下：

输入 129→按[° ′ ″]→输入 59→按[° ′ ″]→输入 26→按[° ′ ″]→

这时屏幕的第二行显示：129°59′26″，说明已经将角度输入。

(2)角度经过三角函数的计算之后，显示的角度是十进制，即 129°59′26″屏幕上显示 129.353336，这时需要将十进制的角度转换回六十进制。按[SHIFT]→[° ′ ″]，屏幕上的 129.353336→129°59′26″。

6.2.2　普通计算器的角度输入及转换

利用[→DEG]键可输入角度并转换。

(1)角度的输入：输入角度要以六十进制输入，度分秒以小数点隔开，然后按[→DEG]键，可将六十进制的角度值转换成十进制，用于角度计算或三角函数计算。

具体操作如下：

输入 129.5926→按[→DEG]

这时屏幕上显示结果 129.9905556，可以进行角度的加减或三角函数计算。

(2)计算结果显示：当角度计算完毕后，需要显示角度的结果，即六十进制的角度结果，按[2ndF]+[→D. MS]，可将角度值转换成六十进制。

具体操作如下：

129.9905556→按[2ndF]→按[→D. MS]

这时屏幕上显示计算结果 129.592600，可以将成果记录下来。

§6.3　坐标转换

两种计算器都可以进行坐标转换，即坐标正算：极坐标转换为直角坐标；坐标反算：直角坐标转换为极坐标。

例　$\Delta x_{AB}=-165.480$ m，$\Delta y_{AB}=+172.689$ m；$D_{AB}=239.180$ m，$\alpha_{AB}=133°46'40''$

6.3.1 学生科学计算器的坐标转换

利用[SHIFT]+[Rec(]、[Pol(]键可进行坐标的正反算。

(1)坐标正算,即极坐标转换为直角坐标(已知 D_{AB}、α_{AB},求 Δx_{AB}、Δy_{AB})

具体操作如下:

按[SHIFT]+[Rec(]→输入 239.180→按[,]→输入 133→按[° ′ ″]→输入 46→按[° ′ ″]→输入 40→按[° ′ ″]→按[)]→按[=]

屏幕上显示:第一行 Rec(239.180,133°46′40″)

第二行−165.4798(Δx_{AB})

结果查看:[RCL]+[E]→$\Delta x_{AB}=-165.480$;[RCL]+[F]→$\Delta y_{AB}=+172.689$。

(2)坐标反算,即直角坐标转换为极坐标(已知 Δx_{AB}、Δy_{AB},求 D_{AB}、α_{AB})

具体操作如下:

按[Pol(]→输入−165.480→按[,]→输入 172.689→按[)]→按[=]

屏幕上显示:第一行 Pol(−165.480,172.689)

第二行 239.180(D_{AB})

结果查看:[RCL]+[E]→$D_{AB}=239.180$;[RCL]+[F]+[SHIFT]+[° ′ ″]→$\alpha_{AB}=133°46'39.99''$。

6.3.2 普通计算器的坐标转换

利用[a]、[b]键可进行坐标的正反算。

(1)坐标正算,即极坐标转换为直角坐标(已知 D_{AB}、α_{AB},求 Δx_{AB}、Δy_{AB})

具体操作如下:

输入 239.180→按[a]→输入 133.464 0→按[→DEG]→按[b]→按[2ndF]→按[→xy]

屏幕上显示:−165.4799(Δx_{AB})

结果查看:[a]→$\Delta x_{AB}=-165.480$;[b]→$\Delta y_{AB}=+172.689$。

(2)坐标反算,即直角坐标转换为极坐标(已知 Δx_{AB}、Δy_{AB},求 D_{AB}、α_{AB})

具体操作如下:

输入−165.480→按[a]→输入 172.689→按[b]→按[2ndF]→按[→rθ]

屏幕上显示:239.180(D_{AB})

结果查看:[a]→$D_{AB}=239.180$;[b]+[2ndF]+[→D.MS]→$\alpha_{AB}=133.464\ 295$。

综合练习题答案

综合练习题 1

1.D　2.D　3.B　4.A　5.A　6.D　7.D　8.C　9.B　10.D　11.D　12.C　13.D
14.A　15.A　16.B　17.B　18.A　19.D　20.C

综合练习题 2

1.B　2.D　3.C　4.D　5.A 点：1 902.392 m　B 点：1 932.129 m　6.A　7.C　8.B
9.C　10.C　11.C　12.A　13.A　14.B　15.A　16.D　17.A　18.C

19.该 6°带带号及其中央子午线的经度分别为

$$N=\mathrm{INT}(125°48'36''/6°+1)=\mathrm{INT}(21.97)=21$$

$$\lambda_0=6°N-3°=6°\times 21-3°=123°$$

该 3°带带号及其中央子午线的经度分别为

$$n=\mathrm{INT}(125°48'36''/3°+0.5)=\mathrm{INT}(42.44)=42$$

$$\lambda_0'=3°n=3°\times 42=126°$$

20. $Y_A=N\cdot 10^6\,\mathrm{m}+(y_A+500\,000\,\mathrm{m})$

$=19\times 10^6\,\mathrm{m}+(-17\,210\,\mathrm{m}+500\,000\,\mathrm{m})$

$=19\,482\,790\,\mathrm{m}$

21. 107°44′52″　22. 197°09′20″　23. 157°00′38″

综合练习题 3

1.C　2.D　3.C　4.D　5.A　6.A　7.B　8.C　9.C　10.D　11.B　12.A　13.D
14.A　15.A　16.B　17.A　18.B　19.B　20.C　21.D　22.C　23.D　24.B　25.C

26.1∶10 万图幅编号为 G48D010002；1∶2.5 万图幅编号为 G48F040005

27.图幅范围：东经 102°22′30″～102°26′15″

北纬 35°22′30″～35°25′0″

28.C

29.(1)此地形图的图名为李家村，图号为 32-56，比例尺为 1∶5 000，选用的坐标系和高程系分别为 1980 国家大地坐标系、1985 国家高程基准。

(2)该幅图中，最小坐标值为(32 000，56 000)。

(3)该幅图显示了两种形式的比例尺，这两种形式分别为数字比例尺、直线比例尺。

(4)该图的图幅大小为 40 cm×40 cm。

(5)坐标北方向上与此图接图的图幅名称为灰埠镇。

(6)按照该图的图号编排方式，坐标北方向上与该图接图的图幅号为34-56。

(7)A(32 300.193,56 010.431)，在此幅图内。

(8)B(32 300.783,55 910.261)，该点不在此幅图内，图名为周村，图号为32-54。

30.D　31.C　32.C　33.A

综合练习题 4

1.C　2.C　3.D　4.C　5.B　6.C　7.略　8.C　9.A　10.A　11.C　12.A　13.B　14.D　15.C　16.D　17.D　18.B　19.D　20.C　21.A　22.D　23.C　24.C　25.A　26.A　27.A　28.A　29.D　30.D

综合练习题 5

1.D

2.

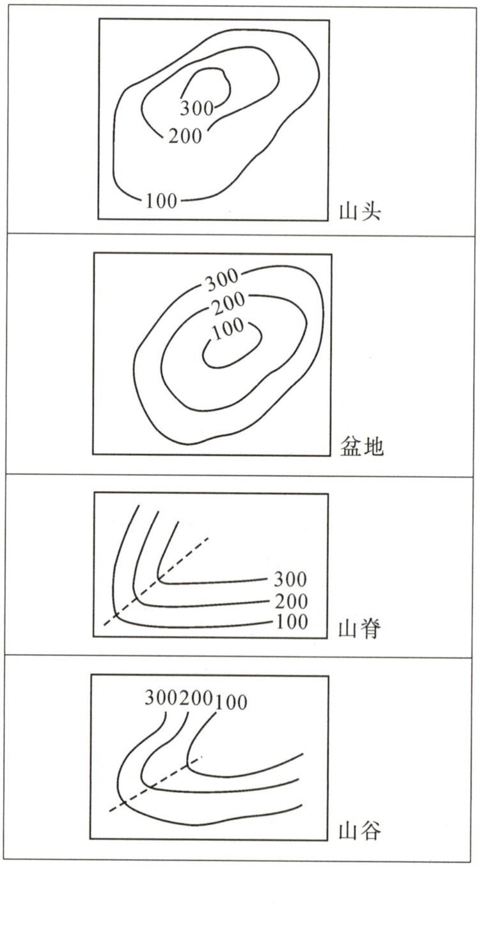

3. 1号框为 鞍部,2号框为 山头。

4. B　5. A　6. C　7. C　8. B　9. B　10. A　11. A　12. C　13. B　14. A　15. C
16. A　17. C